集英社新書ノンフィクション

原子の力を解放せよ

戦争に翻弄された核物理学者たち

《NHK取材班》
浜野高宏
新田義貴
海南友子

原子爆弾投下直後の廃墟となった広島（「映画　太陽の子」より）

第三章　アジアを代表する核物理学者・荒勝文策――新田義貴・海南友子

第八章　戦後〝科学の原罪〟と向き合った核物理学者たち――海南友子　171

・本文中、敬称を省略した場合がある。
・英文資料はとくに断りのない場合は筆者による翻訳である。
・資料の引用は原則として、旧字体を新字体にあらため、旧仮名遣いはママとした。また読みやすさを考慮して、改行、句読点、漢字・平仮名なども適宜あらためた。

プロローグ——すべては一束の日記から始まった

浜野高宏

あるディレクターの思い

企画は生き物だ。ただし、自ら動き回る動物ではない。《一本の木》のようなものである。「小さな種」を植えて水をやり、いい環境で育てれば、たくさんの枝が伸びてくるし、素晴らしい花や実もなる。テレビや映画の世界で映像作品を制作している私たちの仕事はそれに似ている。誰かが見つけたネタがきっかけとなり、やがて素晴らしい作品へと育っていく。

当然、芽が出かかっているときに誰かが踏みつけたらそれで終わり。育っている途中で切られてしまうこともある。そうならないよう、何人ものスタッフが集まり大切に育てていく。時にはそこを更地にして新しい建物を建てたいと思う人もいるが、そんなときは見つからないように隠したり、うまく育たず枯れかけたときは、どういう肥料が必要なのか詳しい人に聞いて回ったりするのだ。本書もそんな「小さな種」から生まれた果実のひとつだと思っている。

たしか二〇一五年のこと。最近は、連続テレビ小説「ひよっこ」や大河ドラマ「青天を衝(つ)け」の演出を手掛けるNHKドラマ部の黒崎博ディレクターから、相談を受けた。太平洋戦争末期から終戦直後に書かれた日記にインスパイアされて、映画の脚本を書いたから読んでほしいという。以前、別の取材で『広島県史 原爆資料編』を読んでいたとき、たまたま、その日記の抜粋を見つけて興味を持ち、その後ご遺族を探して、当時のノートに書かれた日記のコピーを取らせていただいたそうだ。

「映画のテーマは日本の核兵器についてなんです。どう捉えていいか難しいと感じる人が多くて……」と彼は話し始めた。それが私に持ってきた理由だった。一九九〇年にNHK広島放送局に入局して以来、原爆に関するドキュメンタリーを私は作り続けてきた。そのことを知っていたのだ。

彼は日記に記されていた、後に核物理学者として京都大学名誉教授となる若き科学者・清水榮(さかえ)氏の喜怒哀楽に共感、一〇年かけて時代背景なども入念に調べ、脚本の第一稿を書き上げたという。こういう相談は時々受ける。企画が面白そうと思っても、結局、作品に結び付かないケースも多いので、安請け合いはしないよう、まずは読んでみると返事をして脚本を受け取った。

夜。自宅で脚本を読み出すと、ぐいぐい引き込まれた。

物語は太平洋戦争中の日本の科学者たちの青春群像。主人公は戦争中の京都帝国大学で原子核分裂について研究する若き科学者だ。彼は新しい科学への純粋な探究心から原子核という未知の世界に魅了されている。当時、実際原子核の研究は物理学の最先端をゆくテーマだった。戦争中のある日、研究室に海軍の将校がやってくる。「原子の力を使った新型爆弾の開発をせよ」という軍部からの命令が下されたのだ。研究室では教授を中心に「原子に潜むエネルギーを解放する」という世界最先端の研究をスタートさせる。戦況は悪化し、物資も食料も不足する状況だったが、単なる兵器開発にとどまらず、未来を切り拓く研究だと信じて、科学者たちは寸暇を惜しんで実験に打ち込んだ。そんなとき、彼らはラジオでアメリカ軍が

清水榮日記のコピー。マーカーや書き込みは黒崎博によるもの

広島へ原子爆弾を投下したことを知る。広島へ調査に向かった科学者たちは、そこで自分のやってきた研究の先に何があったのかを知ることとなる……。

すごい話だと思った。原爆開発の物語を青春群像として見せていることが意外だったし、純粋な探究心と兵器開発への疑問の間で揺れる主人公の描写が見事だった。読み終わると自然に涙が出ていた。何よりもこれが現実にあった話に基づいているという点に強い興味が湧いた。

黒崎ディレクターにぜひ関わらせてほしいと申し出た。映画化に向けてプロデューサーのひとりになりたいと思った。同時に現実に何があったかを知りたいと強く思ったことを告げた。ドキュメンタリーの企画とあわせてプロジェクトを進めていこうと持ちかけたのを覚えている。

若き科学者の日記

脚本を読んだ後、黒崎ディレクターの創造力を刺激した清水榮氏の日記を読んでみたくなり、コピーをもらう約束をした。届くまでの間、清水氏の経歴を調べてみた。彼は二〇〇三年に亡くなっていた。当時の新聞記事に科学者としての功績が載っている。

原子核物理学者で京都大名誉教授の清水榮氏が13日午後6時31分、肺炎のため大阪府高槻市の病院で死去した。88歳。（中略）原爆投下4日後の45年8月10日、京都大原爆災害調査第1班の一員として広島入り。被爆地の土からウランを採取し、原子爆弾であることを初めて科学的に立証。54年の太平洋・ビキニ環礁での水爆実験でも「第五福竜丸」から採取した灰を分析。水爆であることを突き止めて発表した。原子力の平和利用に関する研究を続け、自らもがんに侵されながら核兵器廃絶を訴え続けた。

（「四国新聞」デジタル版、二〇〇三年一二月二三日）

清水氏は原子爆弾投下直後の広島に入り「原爆災害調査」を行なったとある。日記にそのときの様子が記されているに違いない。日記のコピーを入手した私は、さっそく原爆投下直後の記述に目を通した。手書きの崩し文字で記された文章は読みにくい。文章の横にはディレクターの書いた注釈やメモがたくさんつけられていた。以下は一九四五年八月七日の記述だ。

六日朝敵の少数機によりて広島が爆撃され、相当の被害ありたりと大本営の発表ありたりとのことを始めて聞く。（中略）新聞はかねて噂に言ふ原子爆弾ならずやと言へり。（中略）敵はビラを散布して次に爆撃する予定都市の名をかかげ市民に予告してゐるとか、又そのビラの通り爆撃してゆくとか言ふ。福井、富山、津……等々。加速的に爆撃を蒙って灰燼に帰する都市が増えて来たり。畜生！と叫んでも……。今又、何か物凄い威力の新型爆弾により広島市がやられたといふ。……Uの核分裂の応用ならずや？（原文のまま、以

下同）

相次ぐ空襲への怒りと、初めて原爆投下のニュースを知ったときの戸惑いが伝わってくる。そして暗号のように書かれた「Uの核分裂」とは？　それは、日記を読み進めるとわかってくる。

清水氏が広島に入った八月一〇日。目に入ったのは、すっかり変わってしまった町の姿だ。

至るところ破壊、壊滅なりし。大なるコンクリート建築は、側だけ残して内部ガラン洞なり。大なる建築物が櫛(くし)の歯の如(ごと)く、所々に残つてゐるのみ。中央部は火災の為、焼野原なり。

悲惨な状況を目の当たりにした彼の衝撃が伝わってくる。だが、私が注目したのはその直前にある文章だ。

原子核やつてゐるものとしては、Uの fission の現象は熟知するもU２３５の分裂の難事業なることも知る。米国が果して多量のU２３５を分離してこれを使用したるや否や疑問なりし。米国が二十億弗(ドル)の費用、十二万五千人の労働者及び米英両国の非常に多数の科学者を動員したるといふことを思ひ合せれば或は敵の言ふ如く原子核反応を利用した爆弾ならんとも思考される点多々あり。

この文章から、清水氏が、広島に落とされた爆弾は原子爆弾だと疑っていることがわかる。「U235」は原爆の材料として使われるウランの種類だ。Fission は英語で核分裂のこと。原爆に必要な「ウラン235の核分裂」は、アメリカ・イギリスによる大規模プロジェクトによって生み出されたと分析していたのだ。

そして重要な部分は、自身を「原子核やつてゐるもの」と称していること。つまり、原子爆弾につながる「ウラニウムの核分裂」研究に当時、清水氏が従事していたことが見てとれる。

このあとも、時に生々しく、時に冷静な記述が続いていく。終戦から七五年経った今見ても、戦争に巻き込まれた科学者の強烈な思いが映し出されている。この日記を読んだドラマのディレクターはその世界に自ら入っていくようにして脚本を書き上げた。一方ドキュメンタリーのプロデューサーである私は、いったい科学者がどんな思いで研究を行なっていたのか、もっと知りたくなり、企画開発を始めた。日記は私たちの背中を強く押した「小さな種」だった。

「日本の〝原爆開発〟」の真相に迫りたい

多くの人が頼りにするウィキペディアの「日本の原子爆弾開発」には、「第二次世界大戦（太平洋戦争）中、軍部には二つの原子爆弾開発計画が存在していた。大日本帝国陸軍の『ニ号研究』（仁科の頭文字より）と大日本帝国海軍のF研究（核分裂を意味するFissionの頭文字より）である」とある。清水氏はこの「F研究」に参加していたと思われる。

ところが、いざ事実を調べようとすると、関連の書籍や雑誌、新聞はあっても、それを証明する確固たる資料になかなか行き着かない。当然だ。情報は孫引きで、出典などが明らかになっていないケースも多い。

これまで、戦争中に理化学研究所（理研）の仁科芳雄博士が率いるチームが、「ニ号研究」と呼ばれる原子爆弾に関する研究を行なっていたことはテレビ番組などで取り上げられ、ある程度知られている。しかし、京都帝国大学が進めていた「F研究」については情報が少ない。多くの資料が占領軍に没収されてしまったからだ。理化学研究所のニ号研究の資料は終戦当日政府の通達でほとんど焼却された。京都帝国大学にも政府の通達は届いたが、「F研究」を率いていた荒勝文策はその指令を厳格には実行しなかったので若干の資料が残されていた。しかし占領軍の捜索でそのほとんどが没収されたと推察される。戦後、専門家の方々の努力によって、専門書では「F研究」のことが断片的に触れられてきた。ただ、一般の方々に正確に伝わっているとは言い難い。

こういった状況だと、どんな研究が行われたのかますます知りたくなる。ドキュメンタリー制作者の性分だ。ドキュメンタリー映画「アトムとピース〜瑠衣子 長崎の祈り〜」（二〇一六年公開）などで核の問題に挑んだ新田義貴ディレクターと、京都在住で太平洋戦争についての取材経験が多くサンダンス映画祭など海外受賞歴もある国際派の海南友子（かな）ディレクターという強い味方と、多くのスタッフの協力を得て、二〇一九年一二月、番組の取材を本格的に始める。

取材の目標はふたつに絞った。

まずは清水榮氏が日記にも記していた京都帝国大学の研究の詳細を明らかにして、一般の人たちにわかりやすい形で届けること。そして、関わった科学者たちの思いを浮き彫りにすることだ。

ただ、二〇二〇年に着手した撮影は簡単には進まなかった。新型コロナウイルス感染爆発による緊急事態宣言の影響で、海外出張や人と会うことが制限された。それでも、この木の成長は止まらなかった。アメリカ・ドイツ・台湾での撮影は、海外の放送局や制作会社と手を組み、リモートを駆使して行なった。すべてのスタッフが諦めず、壁にぶつかれば、枝は伸びる方向を変えて進んでいった。

　数年に及ぶ取材の中で、「小さな種」が大きく育つきっかけになったのは、京都大学名誉教授の政池明氏が二〇一八年に出版された『荒勝文策と原子核物理学の黎明』のリサーチの成果をシェアしていただいたことによる。政池氏の協力のもと、アメリカ国立公文書館やアメリカ議会図書館で日本から没収された当時の研究資料やアメリカの調査資料を収集。さらには、研究者のご遺族や京都大学の関係者の方々をご紹介いただいた。

　結局、リサーチで集まった資料は、新発見のものも二〇〇点を超え、全体では二〇〇〇点以上にのぼった。それらの分析を進めることで、太平洋戦争中、京都帝国大学で師とあおぐ荒勝文策教授のもと、清水榮がたずさわっていた原子核分裂の研究、通称「F研究」と呼ばれるプロジェクトについての概要が明らかになっていった。

科学技術は常に光と影をまとっている。それらは表裏一体のものだ。二〇世紀、もっとも強烈な光を放ち、そして人類に巨大な影を落とした科学技術は「原子核分裂」だ。

原子核を分裂させれば膨大なエネルギーを生むという驚くべき発見に、世界の核物理学者が心を躍らせた。この先、原子核の成り立ちがわかれば、生命の元になっている物質の根源を解き明かし、宇宙の謎にさえ迫れると研究者は考えた。夢の未来がそこにあった。

しかし、「原子核分裂」が発見されたのは第二次世界大戦の開戦直前の一九三八年。大国はこの〝原子の力〟を新兵器に利用できないか検討を開始する。アメリカはイギリス、カナダと共に、膨大な資金を投入してマンハッタン計画を進めた。そして一九四五年七月一六日、世界初の核実験を成功させる。ついに〝パンドラの箱〟が開いた。広島・長崎への原爆投下、冷戦下の核開発競争、インド・パキスタン・北朝鮮などの国々への核兵器拡散、アメリカで今も進む戦術核兵器開発。夢の技術は、人類を全滅させることができる大量破壊兵器を生み出してしまった。

そんな中で第二次大戦中日本でも〝原爆開発〟が行われていたというのだ。〝原爆開発〟という文言は刺激的だ。まるでアメリカのマンハッタン計画のような壮大なプロジェクトが秘密裡に動いていて原子爆弾を手にする寸前だったかのような印象を与える。しかし取材の結果、

「F研究」の実態はそんなイメージとは程遠いものだった。

本書の狙い

二〇二〇年八月一六日、この取材は、NHKの番組「BS1スペシャル　原子の力を解放せよ～戦争に翻弄された核物理学者たち～」として結実する。広島出身の被爆二世である吉川晃司さんがナビゲーターとなってくれたこの番組は、一〇〇分にわたって、当時の真実に迫っている。

黒崎ディレクターが「一束の日記」を読んだことで育ち出したもうひとつの幹は、二〇二〇年八月一五日、終戦から七五年となる日、特集ドラマ「太陽の子」（NHK総合テレビ）に。私もプロデューサーのひとりとして制作に関わった。さらにその幹は、二〇二一年夏公開の「映画　太陽の子」（監督／脚本：黒崎博、主演：柳楽優弥・有村架純・三浦春馬）という実をつけた。

本書はそのときの経験を元に、取材の裏側で見えてきた真実を交えて、担当プロデューサーの私と新田義貴ディレクター・海南友子ディレクターの三人で分担して書き上げたものである。ドキュメンタリー「原子の力を解放せよ～戦争に翻弄された核物理学者たち～」の取材に基づき、そのプロセスも交えて再構成したものだ。なお、執筆の分担は、以下のとおりである。

浜野――プロローグ、第一章、第四章、第七章（一）、あとがき

新田――第二章、第三章（一、四～一〇）、第五章、第七章（二～八）、第九章

海南――第三章（二、三）、第六章、第八章

また、これまで日本の核兵器開発計画について出版された書籍や先行研究をふまえ、アメリカ・日本・ドイツで保管されている資料にあたり、同時に科学者のご遺族への取材などを積み重ねることで、「F研究」の真相を明らかにする。そして、その全体像を一般の方々にわかりやすく伝えたいと思っている。

さらに、科学者たちの思いも浮かび上がってきた。それは、未知の世界を切り拓こうとする強い意志と科学者としての心の葛藤だった。そもそも彼らはどんな思いで「新型爆弾」の開発を進めていたのか。そこに迫ることが本書の最終目標だ。

科学研究の光と影。そのコントラストがもっとも大きかったのが二〇世紀の「原子核分裂」

の発見だったと個人的には感じている。太平洋戦争という大きな渦の中で、はからずもその中心に巻き込まれていった科学者たちは、何を感じ、どう行動したのか。私たちが取材を進めた過程を追体験していただきながら、これまで一般にはほとんど語られてこなかった歴史の一ページを体感してもらえればと思う。

第一章

日本は〝核兵器の開発〟をしていたのか?

浜野高宏

FORM 114

Classification Historic - DC　No. 50-766　State DC　Place Washington

Description. Library of Congress.
Photo by C.E.Ritter, March 15, 1950.

1950年当時のアメリカ議会図書館。今も姿は変わらない

一　アメリカ議会図書館での出会い

新型コロナウイルスの感染爆発が始まる直前の二〇一九年一二月。私はひとりでアメリカの首都ワシントンDCを訪れた。めざしたのは、一九世紀末に建てられたという白い重厚なたたずまいのアメリカ議会図書館。その科学史セクションでコーディネーターを務めているトモコ・スティーン専門官にお会いして、「日本の核兵器開発」について取材を行なうのが目的だった。トモコ・スティーン専門官は九州大学卒業後、米国に渡り、コーネル大学で博士号を取得。遺伝学、薬学から、科学史、科学政策、科学技術に関する国際関係論の広い分野をカバーする世界的にもユニークな研究者で、ジョージタウン大学教授を兼務していた。

アメリカ議会図書館には、第二次世界大戦直後にアメリカ軍によって日本から没収された資料が数多く眠っている。政池明の『荒勝文策と原子核物理学の黎明』によると、スティーン専門官のおかげで埋もれていた数多くの資料を入手することができたという。政池氏に紹介していただき、ミーティングが実現することになった。

時間よりすこし早く着き入り口で待っていると、彼女がエレベーターから降りてきた。柔和で聡明な印象の女性で、快く訪問を受け入れてくれただけでなく、それから三日間、つきっきりで資料探しの方法や、手伝ってくれそうな人たちを紹介してくれた。

「歴史は記録に残って初めて真実となる」。そうスティーン専門官は教えてくれた。しかも科学の歴史は内容的に難しくなりがちなため、事実があってもなかなか多くの人に歴史として伝わっていかない。そんなもどかしさをお持ちだった。私たち取材チームへの協力も、すこしでも多くの人に歴史的な真実を伝える手伝いをしたいからだという。

科学の歴史を見つめてきたスティーン専門官に最初に、率直に聞いてみた。「日本で原爆は開発されていたのか?」という問いだった。

インターネットやSNSの普及で情報が一人歩きする時代。センセーショナルな言葉や文章がそのまま貼り付けられて、ネットの記事になり、それを見た人がまたほかの人に伝えていく。テレビの仕事をしていると、そういう情報が山のように入ってくる。

「日本は実は原爆開発をしていた」「第二次世界大戦中、核実験まで行なっていたらしい」などといった話を、まるで自分が見てきたように伝えている人たちが数多くいる。

ところが、いざその事実を調べようとすると、関連の書籍や雑誌、新聞はあっても、それを証明する確固たる資料などに行き着かないケースが多い。当然だ。情報は孫引きで、出典などが明らかになっていないケースも多い。真実に迫るヒントが欲しかった。

彼女は「太平洋戦争の最中に原爆実験が朝鮮半島で行なわれたと、書籍や雑誌に繰り返し書かれてきたが、それは明らかな誤りです」と切り出した。実は、一九四六年一〇月三日付のアメリカ・ジョージア州の地方新聞「アトランタ・コンスティテューション」に、日本人将校から聞いた話として、まるで事実のように書かれたことがあった。しかし翌日、同新聞は科学者がその記事は「怪しい」と指摘したという、いわば訂正記事を出していた。おそらく最初の記事に飛びついた人たちはその後の事実確認をせず、繰り返し転載していたのだろう。

その一方、原子核分裂によって、膨大なエネルギーを取り出そうという研究は、間違いなく戦争中の日本でも行なわれていたという。「京都帝国大学には湯川秀樹博士と荒勝文策博士というふたりの世界的な科学者がいました。戦争前から世界を驚かすような研究成果を上げていたんです。そこに日本海軍の人たちが目を付けて、原子の力を兵器に利用できないかと考えたのだと思います」。スティーン専門官の口からは次々にすごい話が飛び出してくる。それぞれの話がどんな資料で確認できるのか、丁寧に教えてくれた。

二　ファーマン・リポート

スティーン専門官は、日本の〝原爆開発〟に関わる資料を探してほしいと知り合いの方々に声をかけてくれていた。アメリカ中の図書館や資料館とは横のつながりがあり、お互いのリサーチに協力することも多いそうだ。最初に会えたのはアメリカ国立公文書館のリサーチャーだ。

アメリカ国立公文書館の資料はワシントンDCの中心からバスで一時間ほどのメリーランド州にある。これまでも戦争関連の番組の取材ではたびたびお世話になってきた。終戦時に、日本からさまざまな種類の資料が大量にアメリカに没収された。そうした資料の一部や、公開されたアメリカ政府や軍の資料などが閲覧できる。

資料の一部はデジタル化されているものの、多くの資料は細かく整理されていない状態で、整理ボックスに乱雑に入っている。資料が入っていそうなボックスを受付で申請して、その中に入っている資料をさっと読み、必要と思われるものかどうか判断し片っ端からコピーする。写真に撮ったり、スキャンしたりもできる。以前、資料庫を撮影させてもらったことがあるが、あまりにも大量の資料が並ぶ棚を見ると、欲しい事実にたどり着くのは気の遠くなる作業だと感じる。

このときお会いできたリサーチャーからは、大変貴重な情報をいただくことができた。これまで、日本の〝核兵器開発〟というテーマで、ここを訪れた人たちが検索した資料の閲覧履歴のリストだ。話によると、私たちのようなドキュメンタリーの取材のほかに、歴史学者や本を書こうという作家などが訪れたときに、検索の履歴を記録してきたのだという。

このリストは大変役に立った。リスト上で、こちらで欲しい資料にある程度見当をつけることができたからだ。この日は五〇〇枚ほどの資料の閲覧を申請した。内容を検証する時間が限られていたので、資料の束をとにかく写真に収めることにした。

ホテルの部屋で夜、資料の画像データを整理していて、重要な資料を見つけた。「日本の原爆ミッション・最終リポート（ATOMIC BOMB MISSION JAPAN/FINAL REPORT）」と題されたアメリカ軍の報告書で、ロバート・ファーマン陸軍少佐が作成した七〇ページに及ぶ文書である（以下、ファーマン・リポート）。

アメリカ政府は、大戦中から日本の原爆開発に強い関心を持っていた。戦争が終わると原爆調査団を日本に送り込んだ。調査団で指揮を執ったのがロバート・ファーマン少佐のグループであった。第四章で述べるが、ファーマン少佐は日本の調査の前に、ナチスドイツの原爆開発について調査する特殊任務に就いていた人物だ。

資料から読み取れるのは、ファーマンのチームが徹底した真相究明をめざしていたことだ。そして、彼らが持っていた「日本は〝原爆開発〟をしていたのか」という疑問は、まさに私たち取材班の疑問でもあった。

ファーマンのチームは、多くの人たちの聞き取り調査をパズルを解くように分析して、「日本の原子爆弾」の研究開発の実態を浮き彫りにしている。いったい誰が何をしていたのか。本書では、ファーマン・リポートや関連資料を、科学者の手記や日記、講演記録などと照らし合わせ、「F研究」の内容について明らかにする。

アメリカによる日本での詳細な調査記録の中で興味深いのは「現地調査」と書かれた関係者への聞き取りの様子や発言をまとめた資料が遺(のこ)されていることだ。たとえば「科学調査」と題された「現地調査」の資料には、原爆開発への参加が疑われた学校や人物がリストアップされている。そこには荒勝文策教授を含む研究者たちの名前がずらっと並ぶ。

重要な人物についてはインタビューの記録も添付されている。その中に、京都帝国大学での

Table of Contents

Scientific Investigations

1. Tokyo Sagane, Physics Dept., Tokyo Imperial University.

2. Tokyo Kumura and Nichina, Rikken.

3. Tokyo Sagane and Meyarnoto, Tokyo Imperial University.
Fukuhora and Merva, Tokyo Normal School.

4. Tokyo Motida, Meyarnoto, Meyushima, Tokyo Imperial University.

5. Tokyo Survey of Japanese Literature.
5.(a) TOKYO PROF. SAMESHIMA.
6. Tokyo Research done by Chemistry Dept., Tokyo Imperial University.

7. Tokyo Kenoshita, Ministry of Education.

8. Tokyo Nakahara, Cancer Research Institute.

9. Tokyo Japanese Year Book Extracts.

10. Kyoto Arakatsu and Yukawa, Kyoto Imperial University.

11. Osaka Osaka Imperial University.

12. Osaka Osaka Imperial University.

13. Kyoto Arakatsu and Yukawa Kyoto Imperial University.

14. Tokyo Mewa, Cancer Research Institute.

15. Tokyo Sagane, Tokyo Imperial University.

16. Tokyo Nichina, Tokyo Imperial University.

17. Tokyo Japanese Government Ministry of Education's Bureau of Science.

18. Japanese-Language Documents.

19. Nuclear Research.

20. Gakken and Other Research Institutions.

21. Tokyo Conversation with Dr. K. T. Compton.

22. Tokyo Revisit with Dr. Hayashi at Imp. Univ.

23. Recommendations on Control of Atomic Bomb Development in Japan.

(LATEST PAPERS ON TOP
NOT INDEXED.).

ファーマン調査団による現地調査。重要人物のリストアップ
（ATOMIC BOMB MISSION JAPAN/FINAL REPORT より）

面談の記録もあった。資料「一九四五年九月一四、一五日、京都帝国大学物理学科の物理学教授、B・荒勝およびH・湯川の聞き取り調査報告」によるとファーマンたちは、京都帝国大学の湯川秀樹教授と荒勝文策教授に三度接触している。

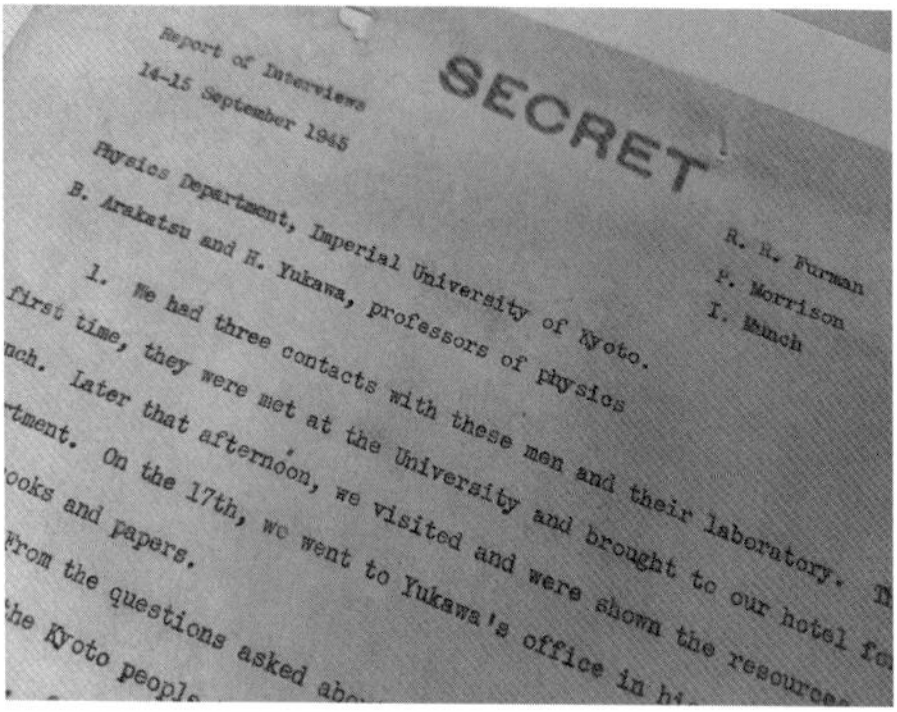
Report of Interviews
14-15 September 1945

SECRET

R. R. Furman
P. Morrison
I. Munch

Physics Department, Imperial University of Kyoto.
B. Arakatsu and H. Yukawa, professors of physics

1. We had three contacts with these men and their laboratory. T
first time, they were met at the University and brought to our hotel fo
unch. Later that afternoon, we visited and were shown the resources
rtment. On the 17th, we went to Yukawa's office in hi
ooks and papers.
From the questions asked abo
he Kyoto people

湯川、荒勝への聞き取り調査報告（同前）

ふたりの印象についての記述は対照的で面白い。

京都帝国大学物理学科を訪問した調査団は、原子核物理学研究室の設備を調査したほか、理論物理学者である湯川秀樹教授と核物理学者である荒勝教授に面談した。

湯川教授は、京都の核物理学研究の第一人者であり、核物理学関連の活動があれば間違いなく主力として関与するであろう人物である。同人は、開戦当初から中間子理論の研究を続けてきた、今後も続けていきたいと述べた。年齢は三〇歳ぐらいかと思われ、物静かで内気で、きわめて抽象的な思想家という印象を受けた。

（「一九四五年九月一五日のH・湯川教授およびB・荒勝教授との面談」）

荒勝はさほど著名ではないが、有能で活力にあふれた、実験核物理学の研究者である。京都へ来たのは一〇年ほど前で、以来、限られた資金や資源をもとに高水準の核物理学研究室を築きあげた。高電圧装置は完成から五年ほど経過しており、中性子源の一つとして使用されているが、リチウムに陽子を当てたとき発生するリチウム・ガンマ線源として使用されることのほうが多く、約六〇〇keV（キロ電子ボルト）の陽子を発生する。この加速器についている粒子検出器は日本の水準からすれば高性能だが、我が国の水準からすれば平均的である。同人は核分裂検出用の電離箱と線形増幅器をもっている。本官が日本でこれらの機器を目にしたのはこれが初めてだ。素人くさいものではあるが、十分に使用できる。

（前掲一九四五年九月一四、一五日の聞き取り調査報告）

理論家の湯川博士と実験重視の荒勝博士の特徴がよく出ている。こうした資料と専門家の方々への取材から、重要人物をリストアップし、その人たちの果たした役割も明らかにしていく。

三　新発見・二〇〇点の研究資料

もうひとつ、ワシントンDCでは重要な資料を手に入れることになる。滞在中スティーン専門官のもとにアメリカ議会図書館で日本の資料をまとめている部署の担当者から連絡が入った。さっそく彼女と一緒に見に行くと、待っていたのは両手で持てるくらいの大きさの箱。開けてみると、日本語の資料が乱雑に重ねられていた。その数、およそ二〇〇点。七五年間、資料室の片隅で眠っていたものが、目の前にある。

一枚一枚確認していくと、その中に日本語で「京都帝国大学」と書かれたノートにびっしりと記された研究の記録があった。さらにめくると何かの設計図が束で入っている。そのタイトルは「サイクロトロン建設計劃（けいかく）」。何らかの装置の設計図である。この図面はいくつもの種類があった。もっとも早い日付は一九四〇年。太平洋戦争開始の一年前だ。それから数年間、さまざまなバージョンの設計図があった。徐々に進化させていったように見える。

サイクロトロンとは陽子などを加速する装置で、加速された陽子などを原子核にぶつけてその内部構造を調べるために用いられる、当時としては最先端の研究装置だ。原子核を破壊して、そのときの反応などを観察するのだ。荒勝はその完成を夢見ていたと言われている。

アメリカ議会図書館で発見された約200点の資料

荒勝が研究していた京大サイクロトロンのことを知り、科学史研究の世界に入ったという広島大学の中尾麻伊香（まいか）准教授はこう説明する。

> サイクロトロンは、加速器の一種である。物理学が大きな発展を遂げた二〇世紀、その発展を支えた実験装置が加速器である。加速器は、陽子などの荷電粒子を加速するというものだ。この装置によって、人工的に新しい粒子をつくることが可能となり、科学者たちは原子よりも小さな世界を調べることができるようになった。
> （『荒勝文策と原子核物理学の黎明』）

そして、荒勝がその開発に果たした役割をこう記している。

> 加速器を、アジアでいち早く完成させたのが、台北帝国大学（当時）の荒勝文策らの研究グループである。1890年生まれの荒勝文策は、京都（帝国）大学を1918年に卒業し、その後、ベルリン大学、ケンブリッジ大学、キャベンディッシュ研究所で学んだ、日本を代表する核物理

学者である。台北帝国大学で1934年、加速器を用いた原子核変換実験に成功した荒勝らは、1939年に京都帝国大学に移り、そこでサイクロトロンの建設に取り掛かった。

（同前）

こうして発見されたおよそ二〇〇点の資料は、その後の荒勝たちのサイクロトロン建設の詳細を記したものである。紙が破れないように丁寧に広げて一枚一枚写真を撮っていった。これらがどんな意味を持つのか、書かれている内容が指し示すことを早く知りたかった。

帰国後、政池明氏にすべての資料のコピーをお送りして、その価値を検証していただいた。以下は政池氏からの返信である。

　この度議会図書館で発見された資料は、第二次大戦中に京都帝国大学の荒勝文策教授の研究室で建設されたサイクロトロンの設計過程を示すメモで、日本の原子核物理学研究の歴史を調べる上で重要なものと判断されます。このサイクロトロンは日本の敗戦時には未完成でしたが、1945年11月下旬占領軍によって破壊され、廃棄されました。その際に荒勝

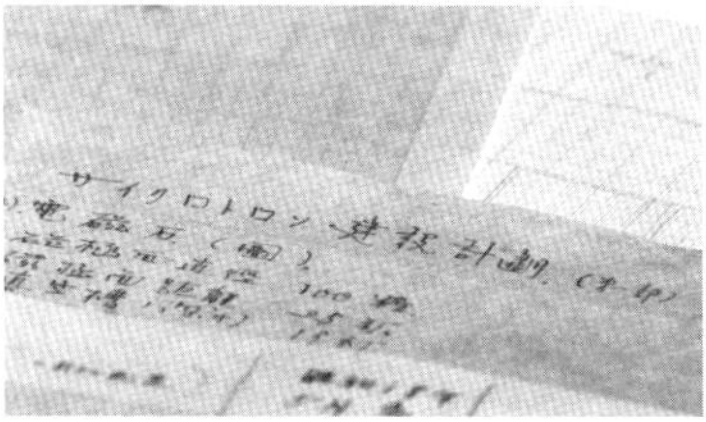

新発見の資料より。「サイクロトロン建設計劃」の文字が見える

教授室に保管されていた多数の学術研究資料が占領軍によって没収され、米国のワシントン資料センターに送られたことが当時占領軍によって書かれた記録（米国公文書館所蔵）によって明らかになっています。従ってこの度発見されたサイクロトロンの設計メモはこの時に占領軍によって没収された資料の一部と考えられます。京大サイクロトロン建設に関する1940年～1943年の一次資料はこれまでほとんど見出（みいだ）されていませんでしたので、この資料は当時の設計過程を知る上で貴重なものであると考えられます。

（二〇二〇年五月二九日付）

さらに、荒勝を取り巻く人々やそのご遺族への取材から、このサイクロトロンは荒勝にとって何よりも大切なものだったことが見えてきた。核兵器の研究に関与したと言われている荒勝の真の研究の意図を知る上でも大変重要な鍵を握っているといっても言い過ぎではない。そして、サイクロトロンの存在が荒勝の研究人生を大きく揺さぶることになる。その詳細は第七章で詳しくご紹介する。

結局、番組取材を通じて、私たち取材班は三つの種類の資料と格闘することとなった。改めて整理しておく。

ひとつ目は、アメリカ国立公文書館などで入手した、アメリカ政府や軍の資料。

ふたつ目は、日記や手記、講演記録、取材テープなど科学者たちの声を記録したもの。

そして三つ目は、サイクロトロンを中心とした新発見の資料だ。

本書では日本・アメリカ・ドイツ・台湾の専門家の方々へのインタビューを頼りに、これらの資料を分析し、読み解いていく。

第二章

日本の〝核兵器開発〟を調査せよ

新田義貴

トリニティ実験で上がったキノコ雲

一　世界初の原爆実験が行なわれた〝トリニティサイト〟

雲ひとつない真っ青な空の下、乾いた砂漠の風景がただひたすら車窓を流れていく。「原子の力を解放せよ」のプロジェクトに先立つこと五年、二〇一五年四月一日、私はニューメキシコ州の砂漠のまっただ中にいた。当時私は、監督を務めたドキュメンタリー映画「アトムとピース」の撮影のため、世界初の核実験が行なわれた地をめざしていた。

州最大の都市アルバカーキからおよそ四〇〇キロ、地平線まで続くような砂漠のフリーウェイを走り続けた後、ようやく目の前にその場所が現れた。「トリニティサイト」と名付けられたその核実験場の跡は、現在アメリカ軍ホワイトサンズ・ミサイル実験場の敷地の中にある。早朝にもかかわらず、すでに多くの車が警備ゲートの前に行列をなしている。軍事基地の中にあるトリニティサイトは、普段は一般人の立ち入りは禁じられている。しかし、四月と一〇月の年に二日間だけ、市民に一般公開されている。この年は戦後七〇年の節目の年ということもあって、多くのアメリカ人も訪れていた。パスポートや取材ビザを提示しゲートを抜けると、「CAUTION RADIOACTIVE MATERIALS（放射性物質注意）」と書かれた標識が掲げられた有刺鉄線のフェンスが現れた。フェンスに囲まれた広大な砂漠の中に、歩いて吸い寄せられていく人々の姿が見える。私もその後を追って敷地の中に入っていくと、中央付近にオベリスクのような記念碑が建っていた。記念碑には、「トリニティサイト　一九四五年七月一六日に世界で初めて核装置が爆発した地」と記されている。人々は記念碑を取り巻くように輪になって静かにたたずみ、そこにはなんともいえない厳かかつ宗教的な雰囲気すら漂う。そのそばには長崎に投下された原子爆弾「ファットマン」の実物大模型がトレーラーの上に展示されており、アメリカ人がその上にまたがってVサインをして写真を撮影している。この場所はアメリカ人にとってまぎれもなく戦争に勝利した記念の地であり、聖地なのだ。その高揚感の中に、広島や長崎で焼け死んでいった人々の姿や、戦後も後遺症に苦しみ続ける被爆者の思いなど入る余地はなさそうであった。

世界初の核実験が行なわれたトリニティサイト

訪れていたアメリカ人に話を聞いた。

「ここはアメリカ人にとって、第二次世界大戦を勝利に導いた記念すべき地だ」

「誰かが日本を止めなかったら、ここは今、アメリカではなかったかもしれない。悲しいけれどそれが戦争だよ」

原爆に対する日米の認識の違いに驚き、ある意味では打ちひしがれていた私に、最後に若いカップルが声をかけてくれた。

「広島や長崎の人に本当に申し訳なく思っています。私たちは二度とこのような歴史を繰り返してはいけないと感じていると、日本の皆さんに伝えてください」

若いカップルの言葉にようやく気持ちを持ち直したものの、私は改めて戦争の現実、残酷さをまざまざと見せつけられたような気がした。

二　原爆開発競争に勝利したアメリカ

一九四五年七月一六日午前五時二九分四五秒、トリニティサイトで人類は初めて原子の力を「兵器」として地上に解き放った。それを最初に成し遂げたのはアメリカだった。第二次世界大戦中、ナチスドイツの原爆開発に恐れを抱いたアメリカは、「マンハッタン計画」と名付けられた極秘の原爆開発プロジェクトを進めた。数千人の科学者を動員し、投じられた予算は二〇億ドルに及ぶとされる。その中心人物はレスリー・グローブス少将とロバート・オッペンハイマー博士であった。核実験に名付けられた「トリニティ」とは、「三位一体」を表すキリスト教の宗教用語である。トリニティ実験の爆発によってできたキノコ雲は高度一二キロにも及び、これを目の当たりにしたオッペンハイマーは、ヒンドゥー教の詩篇（しへん）「バガヴァッド・ギーター」の一節が心に浮かんだと後に語っている。

「我は死なり、世界の破壊者なり」

そして、このマンハッタン計画を指揮したグローブス少将の補佐役だったひとりの人物がいる。ロバート・ファーマン陸軍少佐。ファーマンはトリニティ実験が行なわれる二日前、後に広島に投下されることになる原子爆弾「リトルボーイ」

長崎に投下された原子爆弾「ファットマン」の実物大模型

の燃料となるウラン235輸送計画の責任者として、燃料とともにニューメキシコ州を出発、空路でカリフォルニアへ向かう。そしてサンフランシスコにあるハンターズポイント海軍基地から戦艦インディアナポリスに乗り込み、太平洋を越えて七月二六日に北マリアナ諸島のテニアン島に到着した。テニアン島はすでにアメリカ軍による日本本土空襲の拠点基地となっていた。

広島に投下されたウラン型原子爆弾「リトルボーイ」の木型
写真：Science Photo Library アフロ

八月六日、このテニアン島からリトルボーイを搭載したB29「エノラゲイ」が日本本土に向け飛び立った。そして広島に原子爆弾を投下。九日には長崎にファットマンが投下された。

テニアン島で原爆投下作戦を見届けたファーマンは戦後、さらに重要な任務を与えられることになる。連合軍の占領下になった日本を訪れ、戦時中に日本で原爆の開発計画があったのかどうかを調査することだった。

三　明らかになった「ファーマン・リポート」

ここにアメリカ国立公文書館で入手した一冊の分厚い報告書がある。タイトルは「日本の原爆ミッション・最終リポート」。日本の原爆開発について調査を行なったファーマンが一九四五年にアメリカ軍に提出したものである。表紙には赤文字で「SECRET（秘密）」とも記されている。いったいファーマンたちの日本での調査とはどのようなものだったのか。

ファーマン率いる原爆調査団はマッカーサー連合国軍最高司令官日本本土上陸の一週間後の九月七日に来日する。メンバーには、マンハッタン計画を主導したオッペンハイマー博士の信頼が厚かった原子核物理学者のフィリップ・モリソン博士も科学アドバイザーとして同行していた。より専門性の高い調査を遂行するための人選である。また終戦後これほど早い時期に原爆調査団が送り込まれたことからは、日本の軍部や科学者が証拠を隠滅するのを恐れたことに加え、日本の原爆開発がどこまで進展していたのかにアメリカが強い関心を寄せていたことが読み取れる。

ファーマンは日本上陸前にすでに入手した情報からある程度調査の対象を絞り込んでいた。優先度の高い調査対象として名前が挙がっていた人物は以下である（一九四五年八月二四日付ファーマン少佐の原爆調査団調査計画書。以下、報告書などの引用は『荒勝文策と原子核物理学の黎明』

より)。

東京帝国大学　嵯峨根遼吉教授
理研仁科研究室　仁科芳雄教授
技術院　多田礼吉中将
大阪帝国大学　菊池正士教授、八木秀次教授、
　長岡半太郎教授
京都帝国大学　湯川秀樹教授

湯川秀樹

この日本での調査についてファーマンは二〇〇八年に収録されたアトミックヘリテージ財団のインタビューの中で次のように語っている。

我々は開発計画があるかどうかを確かめるために大学を訪れた。なぜならもし計画がある場合、大学にいる科学者が参加しているはずだからだ。(中略)名前が挙がっていた科学者は八人ほどいた。日本やドイツで学び、もし計画を進めていた場合、そのようなプロジェクトを運営する能力があった人物だ。(中略)誰かが我々とは異なる原子爆弾の製造法を開発しているかもしれないという懸念を持っていた。("Voices of the Manhattan Project")

しかし、不思議なことにこの段階ではファーマンは「F研究」の責任者であった荒勝文策に

ついては調査対象として考えてもいなかったようだ。戦前、戦中を通じて、アメリカでは荒勝の名はほとんど知られていなかったのである。

四　不発に終わった〝本丸〟、理研・仁科芳雄の調査

当初から調査団が日本の原爆開発における最重要人物として注目していたのが、理化学研究所の仁科芳雄だ。仁科は一九二〇年代に渡欧し、当時原子核物理学の中心地のひとつであったコペンハーゲンのニールス・ボーア教授の元で学んだ。帰国後は理研に仁科研究室を主宰し、当時発展著しかった日本の原子核物理学の基礎を築いた人物だった。

九月九日にファーマンが東京帝国大学で嵯峨根遼吉教授を聴取した翌日の九月一〇日、モリソンが理化学研究所を訪れた。午前一一時、文部省から戻ってきた仁科の聴取が始まる。仁科は当時、広島に投下された原子爆弾の被害調査を行なっており、モリソンに対して核爆発の計算結果を示すなどしている。

モリソンの報告書には以下のような記述がある（「理研での取り調べ」一九四五年九月一〇日）。

我々が聞きたいのは広島の調査についてではないと話すと、仁科はがっかりした表情を見せた。

モリソンの聴取に対し、仁科はここ数年、天気予報に役立つと考えて、宇宙線中の中間子の強度を調べていたこと、医療用の研究のための小型サイクロトロンが四月一五日まで稼働していたこと、大型サイクロトロンは一九四三年まで稼働していたことを説明した。また、サイクロトロンではウランの核分裂の連鎖反応についても研究していたが、それをいつの日かエネルギー源として多方面に利用することを意図していたと答えた。

一日限りの調査を終えたモリソンは、報告書を次のように結んだ。

彼らはその計画に強い興味を示しているが、それが単に科学的興味によるものか、政府に強く勧められているためなのか、おそらくその両方だろう。（中略）

政府が広島原爆以前にこの分野に強い関心を持っていたことを示す証拠はない。

実は理研の仁科研究室は、陸軍が主導した原爆開発計画「ニ号研究」の拠点であった。そのため、ウラン235を分離するための分離塔も建設していた。しかし調査当時、この分離塔はすでにアメリカ軍の爆撃で焼失しており、設計図などの証拠も敗戦時に焼却処分されていた。

モリソンがウラン分離についてなぜ徹底的な調査を行なわなかったのか今となってはわからないが、調査団は理研において原爆開発の詳細を把握することはできなかったのである。

五　重要人物として浮上した京大・荒勝文策

理研の調査から四日後の九月一四日、調査団は京都帝国大学に湯川秀樹を訪ねた。湯川は大阪帝国大学在籍時代の一九三五年に発表した論文で中間子の存在を予想し、一九四九年にノーベル物理学賞を受賞するのだが、中間子の理論で戦前からすでに世界的に名の知られた物理学者だった。

調査団は湯川を聴取するとともに、その研究施設も訪れ捜索している。さらに後日、湯川の不在中にそのオフィスを訪ね、書籍と論文も捜査した。一方で、捜査の合間にホテルに同行し、昼食を共にしたり、贈り物の交換までしている。世界的な名声を得ていた湯川に一定の敬意を表して友好的に接していたことがうかがえる。

湯川の調査を終えたモリソンがワシントンDCに書き送った第一報には、湯川が戦争とは直接関係のない純粋物理学の理論的研究に没頭していたことへの驚きがにじみ出ている（「一九四五年九月一四、一五日、京都帝国大学物理学科の物理学教授、B・荒勝およびH・湯川の聞き取り調査報告」）。

彼の話と彼の部屋で発見された1944年末に書かれた論文から推察すると、彼はずっと〝メゾトロン〟（中間子）の研究に没頭していたことは確かなようだ。（中略）

京大が爆撃で破壊されず、ほとんど平常の状態を保っている上に、湯川自身が非常に抽象的な物理学にしか興味を持っていないことは、このプロジェクトの理論に湯川が全く関与していなかったか、わずかしか関与していなかったということと符合している。これは彼の戦争中の主な研究が、本当に純粋物理学であったことを証明していると言えよう。

そして、湯川の原爆開発への関与について、次のように結論づけている。

湯川は原爆開発プロジェクトの理論的な仕事を遂行する能力のある最も優れた人物の一人であるが、内気で学究肌の人間なので、アカデミックな研究以外のプロジェクトを自ら進んで動かすとは考えられない。

京都帝国大学で原爆開発の中心人物と考えていた湯川の聴取で、全くそうした情報を得られなかった調査団は、ある人物に注目することになる。京都帝国大学で湯川の同僚でもあった荒勝文策だ。荒勝は来日前はノーマークであったが、調査団は東京帝国大学の嵯峨根教授から京都でウランの濃縮に遠心分離法を用いていたという情報を得たのをはじめ、理研の仁科も荒勝について言及していた。

湯川の聴取を終えた調査団は、荒勝の取り調べと研究室の捜索を行なった。モリソンが荒勝の聴取後に本国に送った報告書（同前）には、その研究レベルの高さへの驚きが記されている。

荒勝についてはあまり知られていないが、有能で非常にエネルギッシュな実験原子核物理学者である。彼は10年前に京都に着任し、限られた資金で優れた原子核物理学研究室を創設した。高電圧発生装置を5年前に完成させ、陽子をリチウムに当ててγ線を発生させ、さらに中性子源としても用いていた。（中略）

私は日本に来て初めて核分裂検出チェンバーや比例増幅器を見た。それは素人っぽいものだが、よく作動している。

調査団の報告書の中には、執筆者の名前が記されていない一ページ半のメモが含まれていた。このメモはタイプライターで書かれているが、「B.ARAKATSU」という文字だけは手書きであり、聴取時には名前がわからず、後で荒勝の名前を調べた様子がうかがえる。

核開発や核技術の研究を続ける歴史家でスティーブンス工科大学のアレックス・ウェラースタイン助教授は、荒勝について次のように語る。

「荒勝が調査団に個人的に知られていたかどうかはわかりません。荒勝は仁科と比べて、彼らの重要な調査対象とは考えられていなかったのです。しかし彼は一九三〇年代から重要な仕事をしていて、日本では間違いなくトップ一〇に入る科学者でした」（NHKインタビュー、二〇二〇年六月）

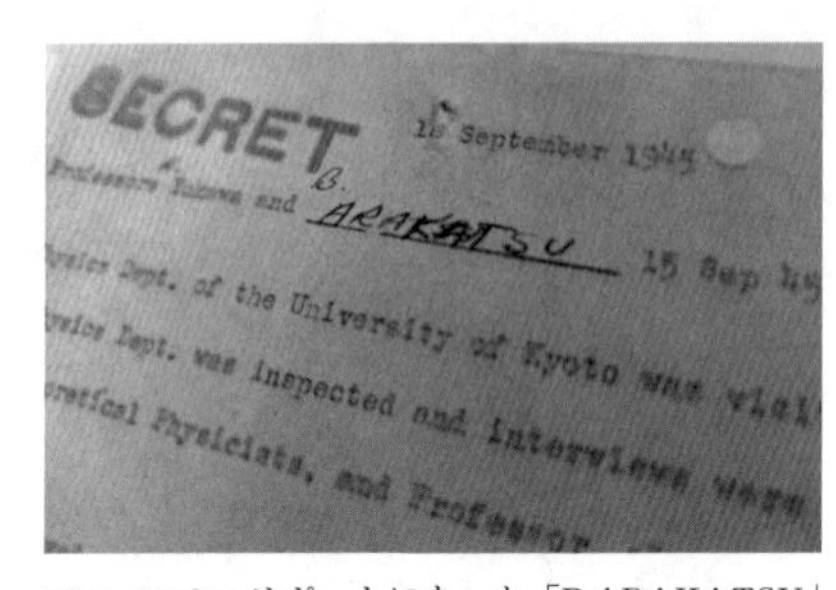

ファーマン・リポートにあった「B.ARAKATSU」の手書き文字

東京に戻ったファーマンら原爆調査団は一〇月七日、日本海軍の原爆開発関係者の事情聴取にも乗り出す。相手は戦時中に海軍大臣付の参謀将校として新兵器の研究開発責任者だった石渡博海軍中佐である。ファーマンが石渡との聴取内容をワシントンDCに送った報告にその詳細が記されている。この中で石渡は、次のように証言している。

　海軍は荒勝グループが行っていた物理学の研究に対して全般的な関心を寄せていたので荒勝と彼の6人の助手の研究を1943年以前から助成していた。（中略）

　海軍は1944年春からウランの核分裂を動力又は爆弾に用いることに関心を持つようになり、その時から陸軍と海軍の研究協力の試みが始まった。（中略）

　仁科は熱拡散法によって、また荒勝は遠心分離法によってこれを遂行しようとした。仁科の実験はあまり成果が上がらないまま爆撃によって装置が破壊された。一方、荒勝は実験用の遠心分離装置を設計したが、それを製作していた工場が爆撃で破壊され、建設中の装置が失われた。（一九四五年一〇月七日現地報告「大日本帝国海軍軍務局石渡博中佐について」）

この証言を得て、ファーマンは石渡の供述を立証するために、海軍の原子核物理学への関与と活動を記した完全なリポートを提出するよう日本政府に要求した。

この要求に対し、日本政府から一〇月一〇日回答書（「日本海軍における原子エネルギー利用の研究に関する件」）が提出された。

「（海軍のプロジェクトの）一切を京大の荒勝博士に一任していた。

目的は原子核反応の基礎的研究で、動力、爆薬としての応用を目指す。1943年5月に研究委託を行なった。海軍から支出した研究費は60万円（企業物価指数で比較すると、現在の金額でおよそ二億円）であった」（要約）

こうした証言と報告書から、海軍が原子の力を爆弾に利用できないか興味を持ち、荒勝がその研究に深く関与していたことが明らかになった。

京都帝国大学物理学科教授、荒勝文策

アメリカは彼に重大な関心を寄せていくこととなる。

第三章

アジアを代表する
核物理学者・荒勝文策

新田義貴・海南友子

荒勝文策

一　歴史の彼方に忘れ去られた科学者（新田）

ファーマンたち原爆調査団が注目した荒勝文策とはいったいどのような人物だったのだろうか。二〇二〇年六月末、こうした疑問を胸に私は京都へ向かった。新型コロナウイルスの感染拡大により外国人観光客の姿が消えた京都の町は、これまで見たこともないような静かな雰囲気を湛えていた。

訪れたのは京都大学理学研究科校舎。この校舎は改築されているものの、荒勝が研究を続けていた七五年前と同じ場所にある。緑の芝生が植えられた中庭を囲み、コンクリートの建物が建ち並ぶ。大学院理学研究科の成木恵准教授が出迎えてくれた。成木は荒勝の教え子の教え子。つまりひ孫弟子と呼べる研究者だ。しかし、先輩にあたる荒勝についてはこれまでほとんど知らなかったという。大学には荒勝の研究の足跡を示すものはほとんど残っていない。数少ない痕跡のひとつが、荒勝が戦前その情熱を燃やしたサイクロトロンの残骸である。これについては第七章で詳しく記すこととする。

物理学教室のある部屋の片隅に荒勝の胸像が置かれていた。ところが現在その部屋を使っている研究者も、この胸像が誰なのか知らなかったという。

成木准教授は言う。

「荒勝さんは最初に原子核の研究室を作った偉大な先生なんですけれど、恥ずかしながら私を含めて若い人はほとんどそういうことを知らないと言っていいと思います」

荒勝文策は、長い間、歴史の彼方に忘れ去られた科学者だった。

京都大学に残された荒勝の胸像

その荒勝に改めて脚光を当てた本が二〇一八年に出版された。それがすでに何度か紹介している京都大学名誉教授で素粒子物理学者の政池明著『荒勝文策と原子核物理学の黎明』だ。

荒勝の業績と科学者としての歩みを詳細に記録した初めての本である。政池氏は、長年荒勝の助手を務め、その後任の教授となった木村毅一（きいち）の教え子だ。その政池の教え子が成木だ。政池は荒勝に関する膨大な資料を日本とアメリカで収集し、一〇年以上かけてこの本にまとめた。荒勝についての研究を始めたきっかけを、政池は次のように語っている。

「荒勝文策はいろいろ世界的な研究をしているにもかかわら

ず、日本でも海外でもほとんど知られていないので、そういう点をはっきりするべきだと思いました。やはり日本の原子核物理学の歴史において非常に重要な人物として私は惹かれているのです」

二　緊急事態宣言下での遺族たちへの取材（海南）

数ヶ月時計の針を戻す。新田義貴ディレクターから、京都在住の私に電話がかかってきたのは二〇二〇年四月だった。それは未曽有の新型コロナウイルスの感染拡大による初めての緊急事態宣言下で、東京オリンピックの延期が決まり、多くの小中学校が休校、都道府県間の移動の制限が要請されている最中だった。新田ディレクターとは二〇年来の付き合いで信頼できる先輩だ。たまたまこの年の一月から三月まで沖縄で、焼失した首里城に人々が寄せる思いについての特別番組を一緒に作ったばかりだった。

「もし、五月から八月までスケジュールが空いていたら、このプロジェクトに参加しないか？」と尋ねられた。聞けば新田ディレクターは、八月放送の終戦関連の特別番組の制作中で、関西での取材が必要なため、京都在住の私に参加を呼びかける電話だった。私は番組の概要を聞き、壮大で重要なテーマであることを確認し、二つ返事で参加を決めた。

戦前、あるいは終戦前後に関わる企画の場合、主人公たちの大半は生存していないため、過去を知る人物を訪ねて証言を紡いで番組にする必要がある。今回の番組の主な舞台は京都大学。そのため遺族など関係者の多くが関西在住だった。しかし、新田ディレクターから電話をもらった二〇二〇年四月は、新型コロナウイルスによる一回目の緊急事態宣言の発令直後で、都道府県間の移動に強い制限がかけられていた。長年、事前リサーチをしてきたにもかかわらず東京の取材チームは、誰ひとりとして、関西に直接、取材や撮影に来られない状況だった。

今回この番組にはキーパーソンとなる人が何人かいた。特に研究室を率いた荒勝はメインの取材対象者だ。ご子息たちは他界されており、荒勝について証言していただけそうなご遺族としては晩年に世話をしていた三男のお嫁さんくらいで、彼女は健在であることがわかった。すぐに、必要な連絡先や基礎情報をもらって取材の準備を始めた。

五月なのに初夏を思わせる暑い日。私は荒勝のご遺族を訪ねてとある町の坂道を上っていた。出迎えてくれたのは非常に上品なご年配のご婦人。コロナ禍で、高齢の方の取材であるため、消毒液やマスク、フェイスシールドを持参して、軒先で改めて消毒を念入りにして換気を十分した部屋にあげていただいた。

荒勝五十鈴さん。昭和一〇年代の生まれで、甲南大学の理系学部を卒業している才女だ。甲南大学の教授をしていた荒勝の三男と卒業後に結婚し家庭に入った。当時、荒勝は京都大学を離れ、甲南大学の初代学長を務めていた。一学生であった五十鈴さんから見れば雲の上の存在だ。結婚後、荒勝の晩年にあたる一三年間、近居し家族として密な時を過ごした。

「舅（しゅうと）は、家庭では放任主義の父だったようですが、息子である夫も義姉たちも、本当に父を尊敬していました。義姉は〝父は日本の頭脳で、あずかりもののような大切な存在〟とよく言っていました。なんでも自分でできる人で、家やボートの設計もしていましたし、書画も達筆でした」

戦前にアインシュタインと交流があったことは資料で読んでいたが、五十鈴さんによれば、実際にアインシュタインから荒勝宛に送られたとおぼしき手紙を自宅で見た記憶があるという。またヘレン・ケラーとも親交があった。世界の頭脳や著名人との交流。さらに欧州での留学経験や台湾での研究・教育経験があるため、何事も先進的で合理的な考え方であった。言葉はあまり良くないが、西洋かぶれで、ダンスを嗜（たしな）み、ゴルフやテニスにも堪能。当時は最先端であった写真機で家族を撮影し、休日には庭の大きなガジュマルの樹（き）の下にテーブルと椅子を置いて、ブレックファーストを取るおしゃれな男性だった。

ひとしきり、荒勝の人となりを聞いた後、私は思い切って尋ねてみた。

――戦争中の荒勝教授の研究のことは何かご存じですか？

「家庭では、戦前の話は出ませんでした。夫が、父とそのような話をしていた印象はありますが、父は〝終わったことだから〟と何も語りませんでした。

あるとき、本当に最晩年ですが、父が一言、言ったことがあるんです。

〝僕の人生は、いい人生ではなかった〟って。

私ひとりだけのときでした。義母もいないときにつぶやいて。私に問いかけているのか、独り言なのか、私はまだ若かったから聞けなくて。でも、心の中で思ったんです。

〝どうしてですか？　京大で好きな研究をして、欧州にも留学して、大学の学長までして、なぜそんなふうに思っているのですか？〟何か胸の中に持っていたのでしょうか」

天才物理学者アインシュタイン

五十鈴さんの家の床の間には、荒勝の立派な胸像が飾られていた。それは、京大退官後に多くの教え子たちが荒勝を慕って作成した胸像だった。その授与式の写真で、満面の笑みで卒業生に囲まれる荒勝。

胸像制作に参加したたくさんの教え子の名前が書かれた紙が胸像の中に入れてあった。多くの学生に慕われた荒勝の胸像。五十鈴さんは大事そうにその肩を撫(な)でていた。

三　遺族の懸念（海南）

取材候補の中で荒勝五十鈴さんに続いて重要だったのは、荒勝のもとで研究に参加した教え子たちのご遺族だった。多くの優秀なスタッフや学生を抱えていた研究室の中でひときわ目覚ましい活躍をしたのが、本書を含む一連のプロジェクトのきっかけとなった日記を書き残した清水榮だった。清水は、一九四〇年に京都帝国大学理学部を卒業して物理学科の大学院に進み、一九四三年から講師として荒勝の研究を支えた。

清水榮のご遺族である三男の清水勝さんが、政池明の書籍の中でもときおり、証言をされていた。私は取材依頼をし、関西のある城下町まで会いに行った。新幹線の駅を降りると美しい城の天守閣が見えた。駅前に迎えに来てくださった清水勝さんは、知的で非常に柔和な物腰の方だった。父の榮と同じく学問の道に進んだからだろうか。資料をたくさんご持参いただいていたので、近くのファミリーレストランでそれらを見せてもらいながらの取材となった。

この日、私が取材した上で、確認しなければならない資料は主にふたつ。ひとつ目は清水榮が残した日記だ。清水榮は非常に筆まめで、毎日の出来事をことこまかく日記に書いており、当時の荒勝研究室の貴重な出来事が多く記されている。実物の撮影は番組の重要なポイントだ。そしてふたつ目は清水榮が残した設計図だ。ウラン濃縮に欠かせない遠心分離器の設計図を清水榮が中心となって描いたと言われており、現物が手元にあるかどうかを確認して、重要な部分について、番組のために撮影したいと考えていた。

「戦前の日記は何十冊もありますが、京都の実家にあるのですぐにお見せできません。テレビや新聞などいろいろなマスコミに貸し出しているうちに、散逸したものもあるので、ご希望のものがあるのかどうか。また図面についても実家にありますが、父の資料は膨大で、次に京都の実家に戻ったときに確認して、取材や撮影についての相談はそれからですね。今はコロナで県境を越えて実家に戻るのにもなかなか気軽に行き来しづらい状況なので……」

優しく丁寧な話し方なのだが、なんとなくこちらの出方をうかがっている印象を受けた。決して取材拒否されているというわけではないのだが、何か引っかかるものがあった。

「私も、父の若いころのことはよく知らないんです。父は、戦後は京大で核物理を教えていましたから、息子の私よりもかつての教え子の方に聞くほうがいいのではないですか？　教え子の中には、つい最近まで京大で教授をしていた方もご健在です。あるいは、父は生前、『読売新聞』の『昭和史の天皇』というシリーズの取材で、自分が言い残さねばならないことはすべて語ったと言っていました。もしお話を聞かれるならその辺りも当たってみはったらいいのとちがいますか?」

質問の方向を変えてみる。

——清水榮先生は、荒勝教授のことをどのように思われていましたか?

「父は荒勝先生のことを心から尊敬していました。家でも、荒勝先生の話をよくしていた記憶があります。何しろ、今でも実家のリビングに大きな荒勝先生の写真が飾ってあります」

指導教官の顔など、とっくに忘れた私にとって、清水榮が自宅に荒勝の写真を飾っていたというのは驚きだった。つい先日、荒勝五十鈴さんのところで目にした胸像と授与式の写真を思い出した。きっとあの中に清水榮もいたのだろう。なぜ荒勝がこれほど教え子から慕われていたのか、もっと知りたい気持ちになった。

研究室にいたほかの学生の話や、戦後に清水榮が行なった研究などについて聞いていくと、すでに二時間以上経っていた。コロナ禍でもあるため、このくらいで失礼すべきかと考えていたところ、清水勝さんはすこし改まった口調で、私たちが作ろうとしている番組について質問してきた。

「今回（の取材）はドラマなどのフィクションではないですよね？　だとしたら絶対に史実をベースに取り組んでいただきたいです。夏になると、定期的にこの関連の取材依頼がきます。中にはひどい取り上げ方のものもあって、日本が原爆開発をしていた秘話だ、というようなセンセーショナルな取り上げ方をされます。でも、本当に原爆開発などという類いのものだったと、あなたは思っていますか？」

私は答えに窮してしまった。

すると清水勝さんはこう続けた。柔和だが非常に強い口調だった。

「数年前も、民放のニュース番組でそういった趣旨の企画が放送されました。ここにＶＨＳビデオも持ってきましたので参考に観てください。あなたは、果たして、本当に荒勝研究室で原爆を開発していたと思いますか？　当時の日本は、海外の文献も手に入らない、機材も潤沢な資金もない。海軍からの命令はあったかもしれませんが、原材料もない状況で、原爆開発というにはほど遠い状況です。マスコミがセンセーショナルにタイトルをつけて報道することに、私は辟易しています。ドラマや映画は作り話ですけれど、ドキュメンタリーはとにかく史実に忠実にやっていただきたいんです」

私は、この言葉をどう受け止めればいいのか、すこし戸惑いながら説明を続けた。

まず、私は個人的に、自分たちマスコミの報道の中には、短時間で急な取材をする中でセンセーショナルな報道になるときがあること、だからこそ常に細心の注意を払って取材しなければならないと考えていると伝えた。そして、今回、この番組の取材チームがやろうとしていることは、放送時間一〇〇分もの長い時間をかけて、より詳細により多角的に、科学者たちと戦争の時代について、徹底して考える番組をめざしていると説明した。それは単に荒勝研究室の中だけの話ではなく、戦争という時代背景、核兵器開発の国際的な競争、アインシュタインや湯川秀樹など世界の頭脳がその時々に果たした決断。難しいテーマであることを十分理解しているからこそ、取材チームはこれまで事前リサーチに長い時間をかけ、米国、ドイツ、台湾、日本など、関係している国内外からさまざまな立場の資料や証言を集めていること。作り手のプライドをかけて史実により忠実になるように取材を行ないたいといった趣旨のことを、とにかく精一杯、清水勝さんに伝えた。清水さんが、どのように受け取ったのか、その場では正直わからなかったが、いくつかの資料のコピーをさせていただいてその場を失礼した。

取材を終え、駅で新幹線を待ちながら、私は考え込んでしまった。唯一の被爆国である日本だが、果たして戦時中、原爆をどのように考えていたのか？　軍部は開発できるならば実現したいと思っていただろう。実際、同じ大量破壊兵器である化学兵器を旧日本軍が中国での実戦で使った史実もある。核兵器にも軍部が関心を寄せていたのは確かなことだ。では、荒勝をはじめ、最高学府の有能な学者や若者が、どのようにしてそこに関わることになったのか、そして、それを戦後七五年経った今、考えることの本質はどこにあるのだろうか？

新幹線の窓から外を見ると、遠くにあの城の天守閣が見えた。茜色の空に浮かぶ城影は、キラリと一瞬輝いてやがて車窓から見えなくなった。

四　学問に情熱を燃やした青年期（以下、新田）

荒勝文策は一八九〇年、兵庫県印南郡の漁村で生まれ、幼少期に赤穂で廻船業を営んでいた荒勝家の養子となった。まだ世間には明治維新後の文明開化の熱気が漂っていた時代だ。荒勝家の両親は寺子屋式の教育しか受けていなかったが、文策が明治維新の精神を受け継いで生きていくべき人間になるよう期待し、信頼してくれたという。母の勧めで理科教師をめざし兵庫県御影師範学校に入学、その後は東京高等師範学校に進んだ。卒業後いったん佐賀県で教職についた荒勝だが、さらに学問を究めたいと一九一五年に京都帝国大学理科大学に入学し物理学を専攻する。
荒勝は物理学科の学生として輻射学・放射学講座の木村正路教授の下で研究を続けた。
当時の思い出を荒勝は次のように語っている。

大学在学当時はめまぐるしく発展してゆく電子、原子の物理学、スペクトル学、量子論、相対性理論等の吸収に忙しく、自分の研究というところまではいかなかった。しかし、これらの刺戟から自分達も何とかして学問の世界に記録に残る研究をやってみたいと云う気持ちを持っていた。

（甲南大学校友会「甲友」１９６３／１９６４。『荒勝文策と原子核物理学の黎明』より）

一九一八年に荒勝は京大を卒業し同大学の講師となり、研究に没頭する。
当時行政機関からの誘いもあったが、荒勝は教育の現場での研究にこだわったと回想する。

その後Ｘ線の研究を行なっていたところ、逓信省の電気試験所でＸ線の工業的応用方面のブランチを作ると云う話が有り、そこに行くことを勧誘されたが、官僚的な研究所では長くは続かないだろうと考え、役人になるよりも純粋な学問をしようと決心した。（同前）

ひたすら学問の追究に純粋に情熱を燃やし続けた青年時代。そんな荒勝に大きな転機が訪れる。一九二六年、荒勝は新たに創設される台北帝国大学の物理学講座の担当教授に抜擢され、それに先立ち文部省在外研究員として原子核物理学の本場ヨーロッパへ留学することになったのである。

五　原子核物理学黎明期のドイツへ

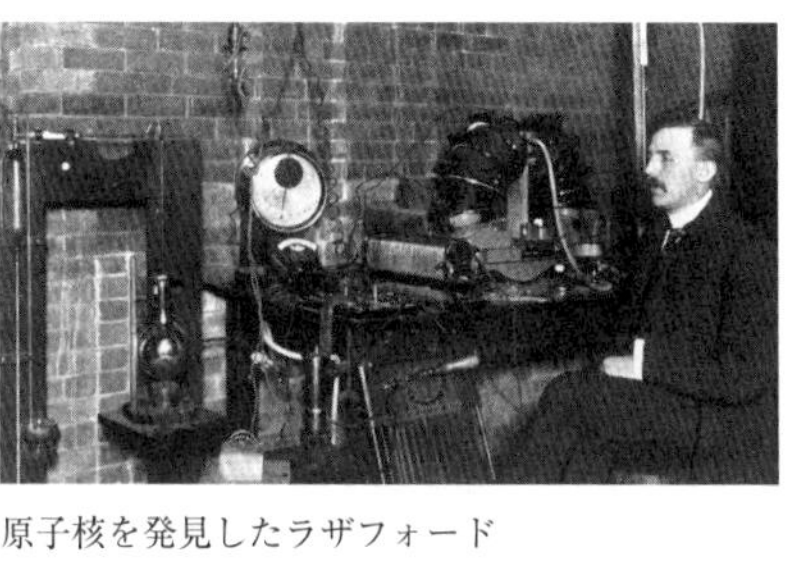

原子核を発見したラザフォード

二〇世紀初頭、ヨーロッパでは物理学の分野で世界的な発見が相次いでいた。一九一一年、イギリスの科学者アーネスト・ラザフォードが原子核を発見する。原子の中心には原子核があり、物質の根源を解き明かす秘密が隠されているはずだ、と世界中の科学者が真理を求めて研究にしのぎを削っていた。三六歳の荒勝が渡ったのはそんな科学者たちの熱気があふれていた時代のヨーロッパだった。

一九二六年、荒勝は満州、シベリアを経由してドイツに到着。ベルリン大学に入学した。当時ドイツは世界の核物理学の中心地だった。そしてここドイツには荒勝の生涯を左右するような運命的な出会いが待っていた。すでに一九二一年に光電効果の理論的

戦前のベルリン。ブランデンブルク門

解明によってノーベル物理学賞を受賞していた天才科学者アインシュタインである。ベルリン大学にはこのアインシュタインをはじめ、プランク、ラウエ、ネルンストなど二〇世紀を代表する理論物理学者が集まっていた。一方で実験はあまり重視されていなかった。そこで荒勝は理論を学ぼうとアインシュタインのゼミナールに参加する。荒勝はその前年に一般相対性理論に関する論文を発表していたので、その論文についてアインシュタインに意見を求めたという。荒勝はアインシュタインの自宅にもしばしば通い、学問の上でも思想的にも大きな薫陶を受けたと後に語っている。

かれの偉大さは、私たち日本人が単にその著書論文のみから知る偉さとは桁が違う。その人格上の偉さ、人類愛の高さをさしていうことをやめても、どうしてどうして単なる理論物理学者ではない。

(『「眞」―荒勝文策先生の追憶のために』)

その一方で、荒勝は理論偏重のドイツの学風については違和感を抱いていたようだ。

確かにベルリンは本場相撲の土俵であった。学問を創建した優れた理論家が、学問をリードし、当時ベルリンの学風は理論を中心に発展していこうということにあるようであった。

ただ、若い人がそれを勘違いして、「俺はこう思う」「俺の見解に従うと○○である」と言うのは不愉快だったと荒勝は書いている。

荒勝が学んだ現在のベルリン大学

> まるで自然界の「真実」を自分の考えに、ごり押しにしたがわせることができるように考え、それを「真理」だというようにしてしまえると考えているかのようであった。自分の考えにしたがっていないから間違っているんだときめつけるふうが強かった。ドイツの学問が、理論か工学かということになっていき、「真実」の探求と「真実」を基本にしたフィロゾヒィーを欠くようになって行きはしないか危惧するほどであった。（同前）

荒勝はその後スイスに移り、チューリッヒ工科大学で研究を続け二編の論文も発表している。そして最後の留学先としてイギリスに渡ることになる。

六　イギリスでたたき込まれた経験主義

荒勝は一九二七年、最後の留学先であるイギリスに渡る。学んだのは原子核を発見したラザフォードが所長を務めるケンブリッジ大学キャベンディッシュ研究所だ。ここでは、理論を重視するドイツとは違い、実験を重んじる研究が活発に行なわれていた。イギリスの学者の多くは経験学派のタイプで、「自分でやったこと以外のことは、嘘とはいわないが、本当とも速断はしない」。荒勝はやがてこのイギリス人の実験に対する真摯な姿勢に深く共感するようになっていった。

若い学生の討議にも、常に至ってもの静かな口調で According to my observation という前置で、私の観察（実験）したことと一致しているとか、調和しないとかいうだけで「それは悪い」「わしの考えはこうだ」などとは一言も口に出さないのが英国人であった。

（中略）

半年間、私のお世話になったキャベンディッシュラブの人たちは、主将ラザフォード教授の指揮の下に、一つのティームワークとして原子核物理に専念していた。もちろん、それは流行を追う人としてではなく、流行を作る人たちとして思い思いに研究に懸命努力していた。放射能から原子力までの原子核物理学発生の地を築いたのは、この人たちである。原子核物理学における発見と開拓の本山を作ったのである。(中略)

基本的にはアングロサクソンの自然を率直にみつめ、実験によって理論の基礎的対象になるような新しい理論をひきおこすような、発見、開拓、測定をして行く在り方に、心を多く惹かれるようになってきた。(同前)

アインシュタインという類い稀なる知性に直に触れ、イギリスの経験主義というその後の生涯を決定づける研究姿勢を学んだ荒勝は、二年に及ぶヨーロッパ留学を終えて日本に帰国する。

七　日本植民地下の台湾へ

台湾大学(旧台北帝国大学)にある物理文物庁。ここには荒勝文策らの研究チームの業績を称えるさまざまな品物が展示されている。最大の目玉は、荒勝が作った加速器を復元した模型だ。加速器とは、粒子を人工的に加速する装置のことだ。加速した粒子を原子核に衝突させその変化を調べるもので、原子核物理学の研究には欠かせない装置だ。荒勝はこの加速器を使ってここ台湾で大きな科学的な成果を出している。展示物を案内してくれた台湾大学物理学部の張慶瑞教授は語る。

「荒勝先生は物理学の講義を担当していて、教鞭（きょうべん）を執る際はとても真面目な方だったそうです。また、実験に臨む際は真剣そのものだったといいます。荒勝先生が当時ここで達成したことは簡単なことではありません。日本本土から遠く離れた地で世界と競い合い、偉業を成し遂げたことはとても困難なことだったと思います」

一九二八年、日本統治下の台湾に台北帝国大学が設立され、荒勝は物理学講座の初代教授として着任する。そして京大で研究をしていた太田頼常を助教授として迎え、京大を卒業したばかりの木村毅一を助手に、台北工業学校卒業の植村吉明を技官に採用する。これら四名で物理学の研究室が発足した。

八　アジア初の人工核変換に成功

荒勝たちが台湾で精力的な研究を続けていた一九三二年、原子核物理学の歴史に刻まれるひとつの事件が起きる。ケンブリッジ大学のラザフォードのもとで荒勝のかつての同僚でもあったジョン・コッククロフトとアーネスト・ウォルトンのふたりの物理学者が、高い電圧をかけて加速した陽子をリチウムに衝突させて、世界で初めての原子核の変換に成功したのだ。人工的に元素を別の元素に変換させた世界初の実験だった。

「この年には同じくケンブリッジでジェームズ・チャドウィックが中性子を発見した。一方、米国のカリフォルニア大学バークレー校では磁場内で荷電粒子を繰り返し加速するサイクロトロンの開発が進んでいた年でもあり、『原子核物理学の幕開けとなった驚異の年』ともよばれている」（『荒勝文策と原子核物理学の黎明』）

荒勝はコッククロフトとウォルトンの「リチウム原子を人工的に破壊することに成功した」というニュースを、イギリスの「ネイチャー」誌が掲載した報告を読んで知る。そして、これが科学の新しい時代を拓く大革命であると確信し、原子核研究のための加速器の建設に取りかかった。

荒勝たちは加速器を建設するために既存の設備を総動員し、加速電源にはX線研究のために用意された変圧器を使い、加速器の電極は台北工業学校の工場に依頼して作り、ほかの部品は日本本土から購入することにした。またちょうどこの年、日本学術振興会が設立され、荒勝たちはこの新たな組織から研究費の補助を受けている。日本学術振興会の創立当初の研究費配分に関する資料は焼失してしまったため補助金額は明らかではないが、「宇宙線および原子核の研究」の経費として一九三三年度から一九三八年度までに二〇万五〇〇〇円（企業物価指数で比較すると現在の金額でおよそ一億三〇〇〇万円）が交付されたという記録があり（同前）、荒勝たちに交付された金額も相当なものだったのではないかと推測される。また、台湾の経済界からもかなりの資金援助があったようである。特に荒勝と親しかった企業、台湾製糖の黒田秀博がかなりの資金援助を行なったと言われている。

荒勝たちはコッククロフトらが開発した加速器のアイデアに、より小型で操作が容易なものをめざして設計に変更を加え、これを完成させる。

そして一九三四年七月二五日夜、歴史的な実験が行なわれる。あえて夜に実験を行なったのは、台湾の夏は昼間暑すぎるため、涼しい夜を選んだと言われている。

実験では、この加速器を使って二四〇keVまで加速された陽子をリチウム7に衝突させた。すると、リチウム7に陽子が当たってα粒子（ヘリウム原子核）が二個発生する反応が観測された。コッククロフトとウォルトンによる人工核変換に遅れること二年、アジアで初めて、人の手によって原子核を変換させた瞬間だった。

荒勝の助手を務めていた木村毅一は随筆集『アトムのひとりごと』の中でこの夜の思い出を次のように書き記している。

大きな期待に胸をときめかせつつ、かつ祈るような気持でアルファ線の放出を今や遅しと待った。加速管の下部には真紅の糸を引いたように陽子が流れている。ルーペで覗くと硫化亜鉛の閃光膜はチカチカと星の如くまたたいているではないか。これぞまさしく、リ

荒勝が製作した加速器の復元模型。台湾大学物理文物庁所蔵

シウム核が壊れて放出されたアルファ線、ラザフォード一家以外、いまだかつて世界中の誰もが見たことのないアルファ線による閃光である。まさにこれ原子力時代の黎明を告げる星の使いをこの眼で見たのだ。「見えたぞ！」「成功したぞ！」私は大声で絶叫した。研究室は、荒勝教授と私と、もう一人の助手の三人。互いに手を取り合って喜んだ。（中略）あふれる感激を胸に抱きつつ夜ふけの家路についた。

仰げば澄み切った空には、白鳥が翼を拡げる天の川が音もなく流れ、これを隔てて相対する牽牛、織女、南の果てには赤い目をしたさそり座。その他満天の星が輝き、下界を見れば、小川のほとりの真菰の葉先に露がきらりきらり光っていて、今や天と地が相近づき、星一つ

ひとつ天より降り、露一つひとつ空に昇ると詠じた国木田独歩の感懐にわれもひたったのであった。

翌一九三五年の一二月、日本学術協会の大会が台北帝国大学で開かれ、長岡半太郎や仁科芳雄をはじめ、当時第一線で活躍する科学者が集まった。そしてここで、荒勝の研究報告は大きな話題を呼ぶこととなった。

人工核変換への思いを荒勝は当時の講演で次のように語っていた。

　この衝撃の手段によつて、多くの原子は破壊せられ、幾倍、幾十倍ものエネルギーを有するα粒子を得たのでありまして、（中略）さすれば、天に輝く太陽の起元も空に瞬く無数の星の成生状況も、宇宙に存在する一切の物質成生、天地創生の状況をも一歩一歩明かにすることであらうと思ふのであります。一切の秘密の鍵は、只暗い研究室に閉ぢ籠る自然科学者の手にあるのでありまして、いづれは其の人の手によつて扉は開かれ、光明はつけられるものと信ずるのであります。（「原子は人工によりて変転す」、『天界』一九三四年七月号）

このとき荒勝は四四歳。原子核を研究する科学者が、いずれすべての物質の成り立ちを解き明かすと考え、自らもそれに貢献したいと原子核物理学の未来に大きな希望を抱いていた。

九　京大招聘（しょうへい）

アジア初の人工核変換に成功した業績を認められた荒勝は一九三六年、京都帝国大学物理学第四講座の教授として招聘される。台北帝大で荒勝の元で研究を続けていた木村毅一と植村吉明も荒勝と共に京大に移った。これは物理学科教授の定年退官で空席ができたためであったが、東京帝国大学教授や初代大阪帝国大学総長などを歴任し土星型原子モデルの提唱などで知られる長岡半太郎の助言があったためとも言われている。日本の物理学会の重鎮のひとりであった長岡はこの前年、前述した台北での日本学術協会の大会で荒勝の研究報告を聞いたひとりでもあった。

台北帝大の荒勝研究室のメンバーのうち、太田頼常はそのまま台湾に残り、大戦終結後には台湾大学（旧台北帝大）でコッククロフト型の高電圧加速器を再建するなど、一九四九年に日本に帰国するまで台湾の原子核研究の発展に貢献することとなる。先にも紹介した台湾大学物理文物庁には、台湾の原子核物理学の礎を築いた人物として、太田の写真が荒勝らと並んで展示されている。

京大に着任した荒勝はまず、台湾で建設した加速器よりもさらに高いエネルギーで粒子を加速できるコッククロフト・ウォルトン型加速器の建設に取りかかる。それと同時に、荒勝は測定器の開発や、放射性同位元素による原子核反応の研究などを精力的に続けていった。

一〇　世界を驚かせた〝原子核分裂〟の発見

一九三八年、世界の原子核物理学者たちを驚かす事件が起きる。「原子核分裂」の発見である。発見したのはドイツで放射線の研究を続けていた物理学者オットー・ハーン。ハーンはオーストリア出身の女性物理学者リーゼ・マイトナーと共に、ウラン２３５に中性子をぶつけると放射性のバリウムが生成されることを見つけた。そしてマイトナーは、ウラン２３５の原子核が中性子を吸収し、ほぼ同じ大きさのふたつの原子核に割れたと結論づけた。原子核分裂である。さらにマイトナーは、アインシュタインの「$E=mc^2$」（E：エネルギー　m：質量　c：光の速度）という質量とエネルギーの等価関係から計算すると、一個のウランが核分裂するとき二〇〇MeV（ミリオン電子ボルト）という膨大なエネルギーが発生することを明らかにした。

ちなみに、実験結果から原子核分裂反応を解明したのはマイトナーだったが、彼女はユダヤ人であったので、ナチスの迫害を避けるためにこのときスウェーデンに脱出していて、ハーンと共著で論文を発表することができなかった。そのため一九四四年、ハーンだけがノーベル化学賞を受賞することとなった。マイトナーはマンハッタン計画への参加要請も受けていたが、固辞したことが知られている。彼女は一九六八年に八九年の生涯を終えたが、晩年を過ごしたイギリスにある墓石にはマイトナーが科学者として生涯貫いた姿勢が刻まれている。

「リーゼ・マイトナー　人間性を失わなかった物理学者」

話を「原子核分裂の発見」に戻そう。この「原子の力」による新たなエネルギーを使えば人類の未来は明るい。当時、世界中の科学者がそう信じていた。しかし、原子核分裂が発見されたのはナチス政権下のドイツだった。そしてその直後、第二次世界大戦が始まる。アメリカなど連合国は、ナチスがこの「原子の力」を利用した新型爆弾を開発するのを恐れた。恐怖が世界を支配する。大国の間で、「原子爆弾」の熾烈(しれつ)な開発競争が始まったのだ。

第四章

なぜアメリカは日本の“原爆開発”を疑ったのか

浜野高宏

アメリカに拿捕されたUボート234号

一　ドイツ・シュピーゲルTVとの共同リサーチ

二〇二〇年二月以降、取材を続けるスタッフにとって最大の敵は、新型コロナウイルスの感染爆発だった。番組ではアメリカ、ドイツ、台湾のロケを計画していたが、公的にも組織的にも海外渡航は禁止となった。それどころか、隣の県に取材に行くこともままならない。日本の国立国会図書館は閉館。このままでは番組が成立しなくなってしまう。

救世主になったのはドイツの放送局シュピーゲルTVだ。局の代表でありプロデューサーのカイ・シーリング氏は別の番組で共同制作を行なったことがあり、友人でもあった。企画の内容を話すと彼は大いに興味を持った。最終的には、ドイツでのリサーチ・撮影、さらには関連の映像の提供などの協力を得ることができた。その理由は、日本の核兵器開発研究がドイツと深いつながりがあったからだ。

前章にある通り、京都帝国大学の荒勝教授は若いころ、ドイツの首都ベルリンに留学していたことがある。繰り返しになるが一九二〇年代から三〇年代にかけてベルリン大学にはアインシュタインやプランク、ラウエなど二〇世紀前半を代表する理論物理学者が集まっていた。

そして、原子爆弾を生み出すきっかけとなった歴史的な発見がなされたのもドイツだった。第三章でも触れているが、のちにノーベル賞を受賞する物理学者オットー・ハーンらによる「原子核分裂」の発見である。中性子をウラン235の原子核にぶつけるとふたつに分裂して、エネルギーが放出されたのだ。これを次々に起こせば膨大なエネルギーを生み出すことが可能となる。

ノーベル物理学賞を受賞している朝永(ともなが)振一郎はこんな表現をしている。

　ウラン核の分裂してできた二つの破片は、ひじょうに大きなエネルギーで飛び散る。しかもこの現象をおこさせるもともとの中性子は、きわめて小さいエネルギーのものでよいことがわかった。ここではじめてバランス・シートの黒字になる現象が発見されることになる。原子力時代の幕はこうして開かれた。

（『プロメテウスの火』）

原子核を分裂させて、連鎖反応を起こすことができれば、膨大なエネルギーが生み出されるという驚くべき発見に、世界の核物理学者が心を躍らせた。

そもそもこの発見は、二〇世紀初頭にアーネスト・ラザフォードが原子模型を完成させ、原子核の存在を証明して以降、世界各地で急速に進んだ研究の中で明らかになったものだ。すべての物質の最小要素だと思われていた原子。その内部にさらに小さい原子核が存在する。しかも、それは破壊させたり、分裂させたりすることができて、さらに小さな素粒子の世界を知ることができると人類は知ったのである。もし、原子核の成り立ちがわかれば、生命の元になっている物質の根源を解き明かし、宇宙の謎にさえ迫れると考えた研究者もいた。「原子核分裂」は、こうした科学者たちの飽くなき探究心によって明らかになったといってもいいだろう。

しかし、時は一九三八年。第二次世界大戦が勃発したのは発見の直後だった。各国はこの膨大なエネルギーを使えばこれまでにない破壊力の新型兵器を作れるのではないかと検討を始めたのである。その中にナチス率いるドイツがいた。

二　連合軍が恐れたナチスドイツの原爆開発

一九三五年、ナチスは徴兵制の復活と再軍備を宣言。三八年にはドイツ民族統合を名目にオーストリアを併合。翌三九年九月一日にポーランド侵攻を開始した。これによりイギリスとフランスはドイツに宣戦し、第二次世界大戦が始まった。

当初、ナチスドイツはヨーロッパで短期戦を繰り返しながら支配を広げ、ヨーロッパ大陸の過半を手中に収めた。

そんな時期である。イギリスやアメリカなどの連合軍がナチスドイツの原爆開発を恐れたのも無理はない。特に、イギリスにとっては、すぐ目の前にある危機だった。

ナチスドイツの行進

有名な「アインシュタインの手紙」が出されたのもこの時期だ。一九三九年八月一五日付のアメリカ、ルーズヴェルト大統領宛のものだ。
この手紙は、しばしばアメリカの原爆開発の端緒となったといわれ、A・アインシュタインがローズヴェルトに原爆製造を進言したものとして有名である。この手紙の実際の執筆者はシラードで、アインシュタインは、シラードたちの説得に応じて署名したことは、今日ではよく知られるようになっている。

（山崎正勝・日野川静枝編著『原爆はこうして開発された』）

さらに手紙には、核連鎖反応による「非常に強力な新型爆弾」について、「船で運び、港で爆発させれば、一発で周囲の地域もろとも港をそっくり破壊しつくす」と書かれている（同前）。

アメリカでイギリス、カナダと協力したマンハッタン計画が始まったのは二年後のことだ。数千人の科学者が動員され二〇億ドルという巨額の予算が投じられた。「日本の原爆開発」について報告書を書いたあのロバート・ファーマンはマンハッタン計画を率いていたグローブス将軍についてこう語っている。

グローブスが直面していたのは、同じく原爆開発をめざしているだろうナチスドイツの動向が全く摑（つか）めないという事態だった。マンハッタン計画の科学者たちは、ナチスの原爆開発にとてつもない恐怖を抱いていた。グローブスの決断は、科学者の恐怖心を取り除き、開発に集中させるには、早急に情報を得るしかないというものだった。

（山崎啓明『盗まれた最高機密 原爆・スパイ戦の真実』）

今回集めた大量の資料の中に、興味深い記述が残っている。連合軍によって組織された秘密組織ＡＬＳＯＳ（アルソス）の記録だ。ＡＬＳＯＳとは、「第2次大戦中ナチス・ドイツの原爆研究の現状を調査するために連合軍によって組織された秘密の特殊部隊で、ナチスの原爆製造計画に関する資料を収集し、関連するドイツ人原子核物理学者を突き止めて、必要に応じて拘束する任務を帯びていた。米国の原爆開発を推進したマンハッタン計画の司令官レズリー・グローブス将軍の下でボリス・パッシュ大佐、ロバート・ファーマン少佐が指揮をとり、物理学者のハウトスミットも参加していた」（『荒勝文策と原子核物理学の黎明』）。

グローブス将軍はマンハッタン計画の指揮を執る一方で、ナチスドイツの計画をつきとめて、それを阻止する任務に従事していたのだ。

ＡＬＳＯＳ部隊はドイツの物理学者たちを諜報（ちょうほう）の対象と考えていた。科学者代表だったＳ・Ａ・ハウトスミットは回想録の中で、ドイツの科学者こそが、当時アメリカに蔓延（まんえん）していたナチスドイツへの恐怖心の源にあると述べている。

アメリカの科学者たちは、原子炉の中で最初の連鎖反応を起こすことに成功し、原子爆弾を確実に作れるものとみなしていたが、おそらくドイツ人はそれ以上のことを知っているにちがいないと、思いこんでいた。そう考えた理由は、結局のところ、核分裂の原理の最初の発見者は、ドイツの科学者であるオットー・ハーンであり、しかも他のドイツ人が連鎖反応炉の理論に関する最初の論文を書いていたからであった。彼らはわれわれより二年前にウランの研究に着手していたうえ、何といってもドイツの科学はわれわれを凌駕していたことを誰もが知っていた。（『ナチと原爆　アルソス：科学情報調査団の報告』）

一九四三年夏、ファーマンはＡＬＳＯＳ部隊の準備を開始した。

三　ＡＬＳＯＳ部隊のスパイ活動

ＡＬＳＯＳの最大の標的は、三一歳でノーベル賞を受賞した天才物理学者ヴェルナー・カール・ハイゼンベルク。ドイツが原爆を開発するとなれば、彼がその中心人物になるとアメリカは見ていた。量子力学の創始者のひとりで理論物理学者のハイゼンベルクはベルリン大学、ベルリンのカイザー・ウィルヘルム研究所を拠点として、原子爆弾の開発を試みていた。

どのようにしてＡＬＳＯＳ部隊がハイゼンベルクを追い詰めていったのかは、「ＮＨＫスペシャル　盗まれた最高機密〜原爆・スパイ戦の真実〜」（二〇一五年放送）に詳しい。第二次世界大戦中のスリリングなスパイの様子が生々しく描かれている。詳しく知りたい方は、その内容をまとめた前掲の書籍（『盗まれた最高機密　原爆・スパイ戦の真実』）をご覧いただければと思う。

本書のテーマと直接は関係しないが、ファーマンが登場する一部を紹介する。一九四四年二月末、ナチスドイツでハイゼンベルクを追跡していたファーマンに、ついにハイゼンベルク暗殺命令が下ったときのくだりだ。ファーマンは計画の細部を詰める中で、特殊作戦のスペシャリストとして定評のあった米陸軍のカール・アイフラー大佐に暗殺の話を持ちかける。

ファーマンは慎重に状況を説明した。

「ナチスドイツと我々は、新型爆弾の開発をめぐって競い合っています。そこでドイツのある科学者が、連合国の戦争遂行にあたり、甚大な危険をもたらしているのです」

アイフラーは、動物的な勘をもっていた。わずかな説明で、作戦の意図を理解した。

「その男を片付けろというわけだな」

ファーマンは言質を与えることなく、切り返した。

「その男の頭脳が大きな問題だということです。その男はあまりに重要で偉大な科学者です。我々は敵にその頭脳を使わせたくない」

結局、関係者の反対にあって計画は暗礁に乗り上げたのだという。いかに必死にハイゼンベルクを追いかけていたかがうかがえるエピソードだ。

一九四二年後半から連合国軍は総反撃に移り、一九四四年六月にはノルマンディーに上陸。八月にはパリに入り、ド・ゴールは臨時政府を組織した。連合軍の空襲で多くの都市や工業施設、交通網を破壊されたドイツは、一九四五年には総崩れの状態となった。

そんな中である。ついにＡＬＳＯＳ部隊はハイゼンベルクの居場所を発見する。彼が最後に拠点としていたのは、ドイツ南西部に位置する小さな町ハイガーロッホだ。教会が建つ崖の下の洞窟に、ハイゼンベルクが実験を続けた場所が残されている。彼はここに原子炉を作り、終戦直前の一九四五年二月末から、ウランの核分裂実験を繰り返していた。

一九四五年四月二三日。ＡＬＳＯＳの部隊はこの原子炉を発見。その後ハイゼンベルクの拘束に成功する。アメリカが恐怖したナチスドイツの原爆開発。しかし、ハイガーロッホの原子炉を調べたＡＬＳＯＳ部隊は、計画は想像をはるかに下回るものだったと結論づけた。

ハイガーロッホは今、博物館となっていて、当時の原子炉を複製した展示などを見ることができる。当時の状況をフェヒター館長が教えてくれた。

「ハイガーロッホの実験のコードネームは『Ｂ８』。つまり、ベルリンでスタートした実験の中で八つ目の実験という意味です。その（実験の）目的は、原子炉での連鎖反応は起こりうることを証明することでした。ハイガーロッホでの実験は、連鎖反応で中性子の増加が発生することを示しました。ハイガーロッホの実験で、（増加が）もっとも多く測定されたのですが、臨界原子炉と呼べるにはまだ不十分でした。つまり、連鎖反応を持続させておく状態を作ることはできなかったのです」

ハイゼンベルクが実験をしていたハイガーロッホの原子炉

　アメリカやイギリスでは大戦中ドイツで進められていた原爆開発の実態を徹底的に調べるべくハイガーロッホにいた原子核物理学者など合わせて一〇人のドイツの科学者をイギリスのケンブリッジ近くの「Farm Hall」と呼ばれる邸宅に幽閉した。その中には、オットー・ハーンやヴェルナー・ハイゼンベルクも含まれていた。

　東京工業大学の山崎正勝名誉教授はその意図についてこう分析している。

「ドイツの場合には科学者を逮捕してイギリスへ連れて行っ

て大邸宅に住まわせて、隠しカメラをたくさん仕込ませて聞いていたわけですね。ドイツの科学者がアメリカやイギリスが知らない新しい情報を何か持っているのではないか、ハイゼンベルクなどがアメリカよりも進んだ知識を持っているんではないか、調べる狙いが強かったと思います。その録音が今も残っているわけですが、結果的にはそういうことはなかったんですね」（NHKBS1「原子の力を解放せよ」でのインタビュー）

ただ、必ずしも原爆開発の可能性がなかったわけではない。政池氏は物理学者の視点でハイガーロッホ炉がなぜ臨界に達しなかったかについて調べた。

　ハイガーロッホ原子炉の形状、パラメータの詳細は戦後公表されたので、これらのパラメータを用いて臨界の可能性を計算した結果、重水の量をほんの少し増やしていれば臨界に達したはずであることが分かりました。

（『科学者の原罪』）

そしてハイゼンベルク自身の行動にも不可解な点があると指摘する。

「ハイゼンベルクはナチスが原爆を手にした場合のことを心配して、出来る限りその開発を遅らせようとしたとハイゼンベルクに好意的な歴史家は主張していますがハイゼンベルクが原爆の開発を故意に遅らせたという証拠は見出されていません。一方、第二次大戦に勝利した米国の歴史家たちのつくりあげた歴史観が米国の原爆を正当化し、ハイゼンベルクの原爆開発に対して厳しい見方をしてきた事実も見逃すことができません」

歴史を見つめるとき、ひとつの視点だけでなく、複数の視点を持つことが重要なのは言うまでもない。今後の研究で、ドイツの原爆開発についても、新たな説が出るかもしれない。いずれにしても、もしもナチスが原爆を手にしていたら……。それは考えたくない。

一九四五年五月。ナチスドイツは降伏する。ドイツの原爆開発計画は終わりを告げた。

演説をするヒトラー

四　Uボート拿捕と日本への疑惑

ところが、ファーマンの任務はこれで終わらなかった。ある極秘作戦を察知したからだ。

ナチスドイツが降伏した直後、アメリカ軍は大西洋を進むドイツの潜水艦Uボートを発見し、拿捕する。拿捕されたのは一九四五年三月二五日にキール軍港を発進していたUボート２３４号。その積み荷からは、さまざまな兵器や物資が見つかったのである。

ファーマン少佐の遺品から、Ｕ２３４の極秘資料が見つかった。そこには、五六〇キログラムの酸化ウランが日本の陸軍に向けて送られた事実が記されていた。

（『盗まれた最高機密　原爆・スパイ戦の真実』）

実は、日本側ではウラン不足により、理化学研究所も京都帝国大学も研究をなかなか進められていなかった。当時、陸軍の川島虎之輔少将の発言が残っている。読売新聞社が一九六七年から約九年間にわたり連載して、出版もされた『昭和史の天皇』では、当時の関係者に入念な聞き取りを行なっている。その音声テープや内容を記録したノートなど一次資料の多くは現在、国立国会図書館で見ることができる。貴重な歴史の資料である。

（大島駐独大使に）わたしが自分で電文を書いて打った。『われわれがピッチブレンド（ウランを含む鉱石）がほしいのは、原子力の開発に使うためだ。われわれは、いま日独同盟のもとに、米英を相手に食うか食われるかの戦争をしている。その一方のわが国が原子力の開発をやろうというのに、それに協力しないというのは何事であるか』とかなり強い詰問調の電報だった。これがきいたんだろうか、大島大使が直接ヒトラーかナチの幹部に交渉したと思うんだが、二トンだけやるといってきた。しめたと思ったが、問題はドイツからの輸送だ。当時は独ソ戦の最中でシベリア経由というわけにはいかないし、輸送船で運ぶというわけにいかない。そこでまた大島大使が交渉して、結局、ドイツの潜水艦二隻に一トンずつ分載して、日本まで運ぶという話になった。首を長くして待っていたのだが、全然音さたなしだった。どうやら第一艦は途中で撃沈され、第二艦はとうとう出発することができなかったらしいが、くわしい話は、ついにわからずじまいだった。

（『昭和史の天皇　原爆投下』）

当時、日本側には正確な情報は渡っていなかったようだ。結局、Uボートによるウラン輸送作戦は失敗した。この一件について、ファーマンのインタビューは残っていなかった。だが、日本でも原爆開発が行なわれているのではないか、と日本に強い疑いの目を向けたのは間違いないだろう。

ドイツでの調査を終えたロバート・ファーマン少佐は、今後は日本への原爆投下計画に参加する。広島に投下される原子爆弾を搭載した爆撃機「エノラゲイ」が待機するテニアン島に赴任。同機が日本へ向かう様子を見届けた。

そして、一九四五年九月七日。ＧＨＱのマッカーサー元帥の日本本土上陸のわずか七日後、日本へと足を踏み入れたのである。

第五章

浮かび上がった「F研究」の実態

新田義貴

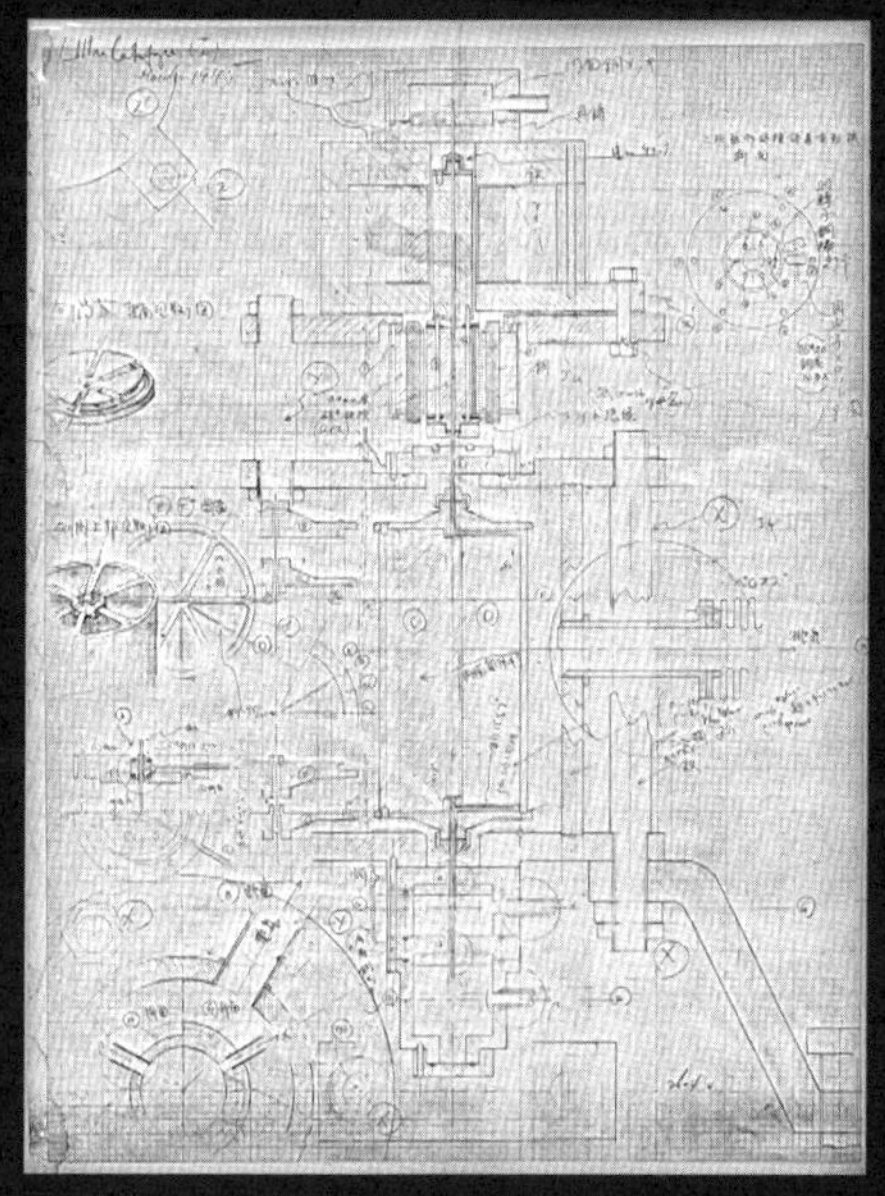

清水榮が描いた遠心分離器の設計図の下書き

〝核兵器開発〟で先んじた陸軍

日本の原爆開発計画が特殊なのは、陸軍と海軍というふたつの巨大な組織が別々に計画を進めていたということである。原子爆弾の可能性に先に目をつけたのは陸軍である。

二〇二〇年七月、私は科学技術史の専門家で科学ジャーナリスト賞を受賞した『日本の核開発：1939〜1955　原爆から原子力へ』などの著書もある東京工業大学名誉教授の山崎正勝氏を訪ねた。山崎自身も物理学者である。「三輪正人育英会」という恵まれない学生に奨学金を給付する公益財団法人の理事長も務めさまざまな雑務もこなす。山崎の人柄や、学問を志す若者に対する温かな姿勢がうかがえるエピソードだ。取材場所に指定されたのは、都内にあるこの団体の小さな事務所だった。山崎は日本の原爆開発の始まりを次のように語り出した。

「一九四〇年の段階で、仁科（芳雄）さんが当時陸軍の航空技術研究所の所長だった安田武雄さんにですね、理研でいわゆる原爆といいますか、当時はウラニウム爆弾という言い方が正しかったかと思いますが、そういうことを研究してもいいぞと言ったんですね。それがきっかけで、次の年の春から理研と陸軍の間で研究計画がスタートしているんです。新しい研究成果ですからその意味を知るのは科学者しかいなかったわけですね。きっかけは科学者からというのは、アメリカも同じだし、さらにイギリスも同じだし、ドイツもそうだったんですね。日本もその例外ではないんです」

一九四〇年中頃、理研の仁科と陸軍の安田武雄中将が私的に交わした会話の中で、仁科は原子核エネルギー開発の可能性を示唆した。山崎によれば、これが日本における原子核エネルギー研究の始まりだという。一九四一年四月、陸軍は理研に原爆の研究を正式に依頼する。ところが一九四二年、海軍技術研究所電気部の伊藤庸二が仁科らと相談して、原子核エネルギー研究の可能性を探るために物理学者を集めて「物理懇談会」を立ち上げる。この懇談会は十数回の会合を重ね、核分裂エネルギーの利用を含む種々の可能性の検討を行なったが、すでに理研では陸軍の依頼で研究を進めており、仁科から「陸海軍は計画を一本に絞ってほしい」との要望書が出されたという。一方で、海軍内ではレーダーの開発を最優先にすべきであるという強い意見もあり、一九四三年末に物理懇談会は中止となった。物理懇談会が中止となった背景には、陸軍と海軍の主導権争いがあったと考えることもできる。

その後も理研の仁科は陸軍からの委託研究を進め、一九四三年三月にその成果として「核分裂によるエネルギーの利用」と題する報告書を提出する。その内容は、原子核分裂のエネルギー利用の可能性は「多分にある」と判明したとし、核分裂の連鎖反応を起こさせるためにはウラン235を約一〇パーセントに濃縮する必要があり、濃縮ウラン一一キロで火薬一万トンのエネルギーが生じると結論づけている。そして、ウラン濃縮に関する実験を早急に完了する必要性を訴え、大東亜共栄圏内のウラン原鉱から原料を取得するよう努力することを求めている。これを受けて陸軍は一九四三年末、仁科の原子エネルギー開発研究を「戦時研究三七－一」として政府内の科学研究動員委員会に提案する。これが陸軍による原爆開発計画、通称「二号研究」である。正式な戦時研究命令を受け、仁科たちは研究を加速させる。

一方、海軍も陸軍に対抗して〝原爆開発〟への執着を捨ててはいなかった。そこで海軍が白羽の矢を立てたのが、京都帝国大学で原子核物理学を率いていた荒勝文策である。こうして陸海軍による原爆開発競争が始まる。

二　核兵器の開発を京大に依頼した海軍

神奈川県平塚市。ここに終戦まで、日本海軍の火薬や爆薬を製造する兵器工場、「海軍火薬廠」が存在した。その跡地は現在、横浜ゴム平塚製造所となっている。かつての面影を残す数少ないものが、近くの八幡山公園の中に移設されている洋館だ。美しいドーム型の塔やコロニアルスタイルのベランダが印象的なこの建物は、海軍火薬廠時代に将校クラブ（横須賀水交社）の応接室や娯楽室として利用されていたものだ。「旧横浜ゴム平塚製造所記念館」と名付けられたこの建物は現在平塚市が譲り受け、国の登録有形文化財として一般公開されている。

一九四一年五月二三日、この海軍火薬廠の講堂で、京都帝国大学の荒勝文策研究室のメンバーのひとり、萩原篤太郎が講演を行なう。太平洋戦争開戦のおよそ半年前のことである。「超爆裂性原子〝Ｕ－２３５〟ニ就テ」と題したこの講演は、ウランの核分裂とその応用に関するものであった。このときの講演内容は、海軍火薬廠が発行していた『二火廠雑報』に記録されている。萩原はこれに先立つ一九三九年、ウランが核分裂する際に発生する中性子の数を測定し平均二・六という結論を得た。この測定値は当時世界的に見てももっとも正確なものであった。この論文は京大化学教室発行の『物理化学の進歩』に英文で発表され、萩原は欧米でその名を知られるようになっていた。

旧横浜ゴム平塚製造所記念館

講演の中で萩原はまず、ドイツの科学者によって発見された原子核分裂の現象を米国の原子核物理学者たちが精力的に研究して大きな進展をもたらしたことを述べ、その概要を説明している。そして、そのエネルギーについて「化学反応の10の5乗～10の6乗倍となる」としてその膨大なエネルギーについて解き明かしている。そして、次のように締めくくり、原子爆弾の可能性を示唆した。

「将来、万一このU－235が相当量製造することができまして、これと適当濃度の水素との混合物のある適当の大きさの容積が実現されました暁には、〝U－235〟は有用なる超爆裂性物質としてその可能性を多分に持つてゐるものと期待されなければなりませぬ」（『二火廠雑報』第二三号、一九四一年七月二四日）

この講演会を聞いていたひとりの海軍技術将校がいた。後に海軍側の原爆開発計画の中心人物となる三井再男（またお）大佐である。三井はなぜ原爆開発に関心を持ったのか。私はその手がかりを求めて、東京・神宮前にある海軍のOB組織、水交会を訪ねた。そこに、三井が原爆開発に関して証言している貴重な音声テープが残されていた。水交会では、一九八〇年から一九九一年まで計一三〇回にわたり、「海軍反省会」という将校クラスのOBたちによる非公式の会合が行なわれていた。また、これとは別に「水交座談会」という、より小規模な会合も活発に行なわれていた。目的は、日本が太平洋戦争に敗れた原因を探り、その失敗の教訓を後世に生かすというものであった。海軍の組織形態から人事、命令系統、教育まで幅広い分野について議論が行なわれる中で、〝技術開発〟に関しても多くの時間が割かれている。もっとも重点が置かれているのはレーダー開発の遅れや飛行機や船舶の製造能力についてであるが、第三八回の会合に三井が登場している。取材に訪れたとき、まだテープのコピーの許可が出ていなかったため、私は水交会が用意してくれた戦艦大和の絵が飾られた会議室に籠り、三時間ほどかけて興奮を抑えながらテープの音声を聞き続けた。その中で三井は「原爆開発」についてこう証言している。

この年（一九四一年）ぐらいにマンハッタン・プロジェクトが始まっているんですけど、その数年前からアメリカ、イギリスの雑誌に爆裂電子（新田注：正しくは爆裂原子）というのは学術発表がありまして、それでこれは気をつけなきゃならない案だ、心掛けなきゃならない問題だと言っておりましたら、アメリカはウランの鉱石、ピッチブレンドなんかのウランの鉱石の輸出を完全に止めちゃったんです。これはもう何かあるということで、我々も研究しなければならないということを申し上げた。

（戸高一成編『［証言録］海軍反省会5』）

一九四二年秋、三井の上司にあたる海軍艦政本部第一部火薬課長だった磯恵が、京大の荒勝に「核分裂で発生するエネルギーの基礎研究をやってほしい」という依頼をまず出した。

三井は以前から海軍が研究を助成していた京大の荒勝を訪ね、原爆の基礎的な研究を依頼する。

荒勝は海軍の要請を了承し研究を引き受けることとなった。

三　荒勝が主導した「F研究」

海軍から京大への依頼で、一九四二年秋頃から、核兵器の基礎研究が始まったと言われている。しかし京大側にはそれを示す資料は残されていない。海軍艦政本部から正式に荒勝に依頼があったのは一九四四年秋で、正式名称は「戦時研究三七－二」、通称「F研究」である。この研究プロジェクトの公式文書は現存していないが、科学研究動員委員会に提出された計画書を陸軍技術少佐だった山本洋一が筆写した記録が残されている。そこには次のような記述がある（『日本製原爆の真相』）。

研究課題「日」研究（「ウラン」「原子エネルギーノ利用」）

（新田注：「日」研究と書かれているが正しくはF研究）

期間　第一次終了　昭和二十年十月

第二次終了　昭和二十一年十月

目標　目的物質ノ軍用化ニ付必要ナル資料ヲ探究スルニアリ

研究方針　鉱石ヨリ目的物ヲ分離、同位元素ノ分離、基本数値ノ測定等ニ関スル研究並ニ応用ニ関スル研究並ニ応用ニ関スル検討ヲ行ナヒ活用上ノ資料ヲ得ントス

課題分類及戦時研究員

全般	京都帝大	荒勝文策（主任）
原子核理論	〃	湯川秀樹
ニウトロン理論	名古屋帝大	坂田昌一
ウラン分裂理論	京都帝大	小林稔
基本測定ノサイクロトロン	〃	木村毅一
同位元素ノサイクロトロン	〃	清水榮
質量譜測定	大阪帝大	奥田毅
弗化ウラン製造及放射能化学	京都帝大	佐々木申二
原子核化学	〃	堀場信吉
ウラン採取金属ウラン	〃	岡田辰三
弗化ウランノ性質並ニ基本測定	〃	萩原篤太郎

重水素化合物　　　　　　〃　　　石黒武雄
重水　　　　　　　　大阪帝大　　千谷利三
弗素弗化水素　　　　東北帝大　　神田英蔵
サイクロトロン用発振装置　住友通信工業（株）　小林正次、宮崎清俊、丹羽保次郎
超遠心分離器　　　　東京計器株式会社　新田重治
振動回路　　　　　　日本無線株式会社　高橋勲

㈠　本研究ハ陸海軍技術運用委員会ニ於テ統括ス
㈡　本研究遂行ニ当リテハ戦時研究三七－一ト随時密接ナル連絡ヲ図ルモノトス

戦時研究三七－二、通称F研究はこのような方針と構成で始まった。F研究のFは、英語で核分裂を表すNuclear FissionのFissionの頭文字を取ったとする説が有力である。この記録が示す通り、F研究の主任は荒勝、その次には「原子核理論」担当として湯川秀樹、そして木村毅一や清水榮、萩原篤太郎など荒勝研究室のメンバーや関西の主要な大学の研究者、装置の製作などのサポートを行なう企業三社が名を連ねている。目標には、「目的物質（ウラン）ノ軍用化ニ付必要ナル資料ヲ探究」として、原子爆弾の開発の基礎研究であることが明記されている。

一九四四年一〇月四日、大阪の海軍士官クラブ「水交社」でF研究のメンバーと海軍との最初の連絡会議が開かれた。荒勝が司会を務め、まずは出席者からウラン鉱石の満州などでの発掘状況が報告された。そしてこの席で、荒勝からウランの濃縮について、「遠心分離法」を採用する計画が発表された。これによって、遠心分離器の開発がF研究の主要な研究テーマとなっていく。

四　ウラン濃縮への挑戦

世界を驚かせた原子核分裂の発見は、ウラン235の原子核に中性子をぶつけるとふたつに分裂したことで成し遂げられた。しかし、天然のウランには核分裂を起こしやすいウラン235は〇・七パーセントしか含まれていない。残りの九九パーセント以上を構成するウラン238は核分裂を起こさない。そのため、効率的に核分裂を起こすためには、ウラン235をウラン238から分離して取り出す必要がある。この技術を「ウラン濃縮」と呼ぶ。荒勝たちが取り組んだF研究の最大の課題は、このウラン濃縮であった。

京都大学のすぐ近くに、荒勝研究室のメンバーのひとり、清水榮が晩年まで暮らした家がある。二〇二〇年の初夏、私は事前に取材を進めてくれていた海南友子ディレクターの案内で、息子の清水勝さんの実家を訪ねた。やがて勝さんが古い円筒に入った巻物を出してきて、テーブルに広げて見せてくれた。「超遠心分離装置」と書かれた清水榮らによって描かれた設計図の下書きだった。戦後、ＧＨＱによる捜査の手を逃れるために清水が密かに自宅に持ち帰ったものだという。

遠心分離器とは、ある物質に強大な遠心力をかけることにより、その物質を構成する異なる成分を分離する機械である。わかりやすく言うと、高速でぐるぐる回すことで、重い物質は外側に飛んでいき、軽い物質は内側に残るので、ふるいにかけられるという原理だ。京大グループでは高速回転をウランの遠心分離に利用しようと試みていた。ちなみに理研の仁科芳雄のグループが進めていた二号研究では、ウランを六フッ化ウランという揮発性の化合物に変えて重さの違いによる拡散速度の差異を利用した「熱拡散法」という手法を採用していた。荒勝研究室では海軍と話し合い、あえて違う方法を採用したのである。

清水の試行錯誤を物語る手書きの研究ノート三冊が二〇一五年に見つかっている（「超遠心分離器設計ノート」と呼ばれている）。ノートの表紙には「Ultracentrifuges」と書かれている。「超遠心分離」を意味する英語である。中には欧米で戦前に出版された論文のコピーが貼り付けられ、その内容に関する手書きの説明とコメント、ウラン分離を試みた際の計算結果などが記されている。第二次大戦以前から遠心分離の研究をしていた第一人者であった米国のビームスなどが書いた論文を清水らが読み、試行錯誤を繰り返していた様子がうかがえる。こうしたノートや設計図から荒勝グループは、ウランを入れた回転体を圧縮空気で浮かせ、エアークッションによって摩擦をなくし、容器の外側につけた刻みに側面から空気を吹き付けて回転させる設計となっていたことがわかる。回転数は一分間に一〇万回転を目標としていた。

清水らは遠心分離器の試作品の製作を東京計器に依頼した。一方、荒勝研究室独自の遠心分離器を試作しようと試みてもいた。清水の自宅に残されていた設計図はそのときのものである。清水らは遠心分離器の試作をめざしたが、圧倒的な資材の不足や徴兵によるスタッフの不足などにより計画は思うようには進まなかった。

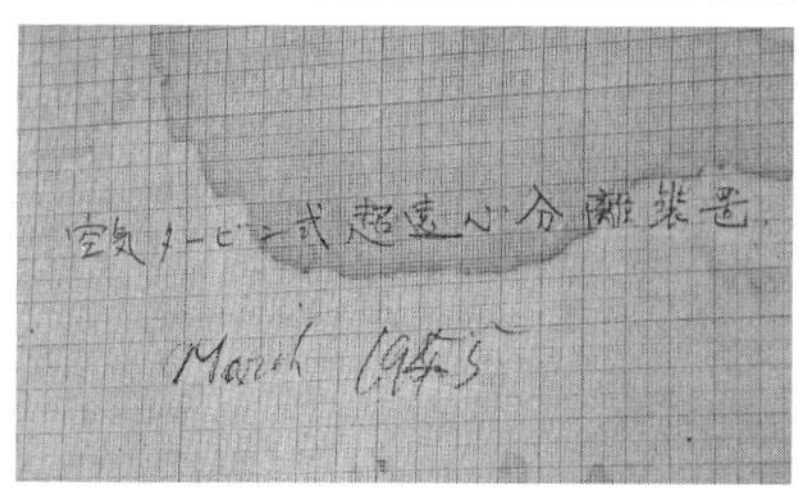

清水榮が描いた遠心分離器の設計図の下書き（清水家蔵）

五　湯川秀樹の「科学者の使命」

科学者たちはなぜ、大量殺戮（さつりく）をも可能にする原子爆弾の研究をあえて引き受けたのか。私は取材班が共有しているこの問いへのヒントを求めて、中心メンバーのひとりだった湯川秀樹の記念館を訪ねた。

京都大学基礎物理学研究所は、日本人初のノーベル賞を受賞した湯川秀樹を記念して一九五二年に設立され、湯川記念館とも呼ばれている。理学部などが入る北部構内にある建物の前には、湯川秀樹の銅像が鎮座している。初代所長を務めた湯川秀樹の補佐役を務め、湯川に関する著書も多い物理学者で慶応義塾大学名誉教授の小沼通二（こぬまみちじ）氏が史料室で出迎えてくれた。史料室はかつて湯川が執務していた部屋をそのまま保存し公開している。小沼は実にエネルギッシュな人物である。休む間もなく次から次へとさまざまな湯川関連の資料を見せてくれる。恩師でもある湯川の業績を後世に残すことが使命だと感じているのであろう。その意気込みがこちらにもひしひしと伝わってくる。取材当時、小沼はこれまで公開されていなかった湯川の一九四五年の日記に詳細な解説を加えた書籍の執筆の真っ最中だった。湯川の手書きの日記を見せてもらった。そこには、日ごと悪化する戦況を伝える内容とともに、F研究に関する記述が各所に残されている（『湯川秀樹日記1945 京都で記した戦中戦後』）。

2月3日（土）雪、寒し（中略）午後 嵯峨水交社に荒勝、堀場、佐々木三氏と会合。F研究相談。帰途 警戒警報発令。

5月28日（月）登校、十一時頃 敵一機 京都偵察、木村教授来室、荒勝教授より戦研（37の2 F研究）決定の通知あり

6月23日（土）（中略）午後 戦研F研究 第一回打ち合わせ会、物理会議室にて、荒勝、湯川、坂田、小林、木村、清水、堀場、佐々木、岡田、石黒、上田、萩原各研究員参集、（中略）

沖縄部隊 尚 島尻地区にて奮戦

「F研究」の文字が書かれた湯川の日記

日記は備忘録的に事実関係だけが書かれていて、その詳細な内容や湯川自身のF研究に対する思いなどはわからないが、少なくとも湯川がF研究のメンバーとして会合

などに出席していたことは、はっきりと示されている。また、アメリカ軍がグアムや硫黄島(いおうとう)を占領する中で本土への爆撃が激しさを増し、京都でも警戒が高まっていることがわかる。五月二八日に「荒勝教授より戦研決定の通知あり」とあるのは、研究はすでに始まっていたが、政府内で正式に採択され予算がついたのがこの時期だったことを示している。そして「F研究第一回打ち合わせ会」が行なわれた六月二三日、日記には「沖縄部隊　尚　島尻地区にて奮戦」とあるが、実際には第三二軍司令官の牛島満中将が「最後の一兵まで戦え」との命令を残し自決し、日本軍の組織的戦闘はすでに終結していた。

では、湯川は戦時下における科学者が兵器開発に協力することに対してどのような思いを持っていたのか。それを理解する上で貴重な資料を小沼が見せてくれた。湯川が一九四三年に「京都新聞」から依頼されて執筆した年頭所感「科学者の使命」と題する文章である。この時期、日本軍は戦争序盤の快進撃から一転し、ミッドウェー海戦の敗北、ソロモン諸島ガダルカナル島からの撤退と、戦況は日に日に悪化していた。内容の抜粋は以下の通りである。

科学もまた、国家総力の重要なる根基の一つであり、かつ軍事、技術、産業等の諸方面と複雑な関連にあることは改めていふまでもない、(中略)今日の科学者の最も大いなる責務が、既存の科学技術の成果をできるだけ早く、戦力の増強に活用することにあるのは言を俟たない。（中略）私ども科学者の一人一人は自分の担当すべき分野がいづこにあるかを慎重に考慮し、科学においても米英はいふに及ばず、あらゆる国々を後に瞠若たらしめねばならない。

（「京都新聞」一九四三年一月六日）

この湯川の決意表明について、小沼は次のように分析する。

「湯川さんの生まれる前から、日本は国のために、天皇のために死ぬのは当然という教育を子供のときから受けたわけね、僕もそういう教育受けましたけどね。そうするとね、国のために働くのは当然ということなんだけど、じゃあ、湯川さんがやってたのは物理の基礎のところでしょ。それが実際にアメリカとの戦争が始まった年の暮れの日記に出てくるのは、自分は何をしたらいいんだろうか、と考えに考え抜いた結果、やっぱり自分が一番貢献できるのは科学の基礎を進めるところだからと、アメリカ、イギリスとの戦争が始まった一九四一年の暮れの日記に、覚悟を決めてこれでいくんだと決めるわけね。それで一九四三年のはじめに新聞に科学者の使命というのを年頭の考えとして書くわけ。もう戦争は始まってるし、ミッドウェー海戦もあって、日本がこれ以上戦線を広げられないってなってた時期なんだけど、情報も国内では広がってなくて、そのときに新聞に決意表明を書いて、国のために働くっていうのは当然なんだけど、なんでもできるって人はいないんだから、それぞれの人が一番能力の発揮できるところで全力を尽くすことが全体としては一番力になるんだと、で、自分がやるのは、なんだとは書いてないけど、基礎（研究）が大事だってとこまで書くわけね」

さらに一九四三年八月二〇日、東條英機首相を総裁として陸海軍、政府官庁、大学、研究所、民間からの委員からなる科学技術審議会の答申を受けて、「科学研究ノ緊急整備方策要領」が閣議決定される。以下がその内容だ。

> 科学研究ハ大東亜戦争ノ遂行ヲ唯一絶対ノ目標トシテ強力ニ之ヲ推進スルト共ニ学術研究会議ヲ強化活用シテ学理研究力ヲ最高度ニ集中発揮セシメ、ナカンヅク直接戦力ノ増強ニ資スル研究ニ関シテハ関係方面トノ緊密ナル協力体制ヲトリ、マタ直接戦力増強ト密接不可分ナル基礎的研究ニ関シテハ各種研究機関独自ノ性格及機能ヲ最高度ニ発揮セシムベク、之ガタメニハ其ノ関係研究機関及研究者ヲ計画的ニ動員スルモノトス。
>
> （通商産業省編『商工政策史』第一三巻）

ここに出てきた学術研究会議が一九二〇年に文部省の管理の下に創設された機関で、「科学及びその応用に関し、内外における研究連絡及び統一を図り、その研究を促進奨励する」ことを目的としていた。湯川は一九四三年四月に会員に任命されていた。

この「科学研究ノ緊急整備方策要領」をきっかけに、基礎研究で国家に貢献することを旨としていた湯川の気持ちは大きく変わる。一九四三年八月の日記に湯川は次のように綴っている（小沼通二『湯川秀樹の戦争と平和　ノーベル賞科学者が遺した希望』）。

八月二三日〜三一日

戦争は益々苛烈となり、ソロモンの戦いは重大、キスカ島も撤収。

科学動員要綱が文部省より発表された。愈々吾々理論物理学者も転進すべき時が来た。

小沼はこの湯川の転進について次のように語る。

「それ（閣議決定）が出たところでまた考える。やっぱり自分ももっと直接戦争に協力しなきゃなんないんじゃないかってことを日記に書きます。閣議決定の科学者は戦争に全力を尽くすというのを聞いて、基礎をやってるだけでいいんだろうかと。そこから動き出すんですね、実際に動くのは次の年の一月になるんだけど、そこからはいろいろなところに顔を出すっていうかね、陸軍海軍の研究の視察に行き、依頼され、F研究だけじゃなくてね」

転進の決意を起こした湯川はすぐに行動を起こす。軍事研究関連の研究や会合は一九四四年は二七回、一九四五年に一二回が日記に記録されている。テーマは航空機、発動機、電波兵器、噴射推進機、赤外線探知など幅広い。そして、最後に湯川はF研究への参加を決め、原子核分裂の理論担当として〝核兵器開発〟へと突き進んでいくことになる。

六　荒勝の葛藤

一方の荒勝文策は核兵器開発に協力することについてどう考えていたのか？

当時、荒勝は戦時下でも原子核の基礎研究をなんとか続けたいと考えていた。戦時下で資材も不足し、学生たちも次々と学徒動員される中で、研究を続けるのはひじょうに困難な状況となっていた。そこに海軍の三井大佐から、F研究の依頼があったのだ。三井は一九八三年に座談会でこう証言する。「原子爆弾っていうのは、可能性の研究をする必要がありませんか？もうひとつ欲張って言うならば、日本の原子核物理学者の勉強を助けましょう。それを荒勝文策っていう物理の教授に頼んだ」。

いずれこれは発展していく学問だから、原子核の処理の学者を援助しようと。それで必要な費用の援助がありますが、京都大学にサイクロトロン、サイクロトロンというのは核物理学の研究の道具なんですけど、そいつを作ってあげようと。

（『［証言録］海軍反省会5』）

実は、F研究以前から海軍と荒勝研究室の間には密接な協力関係があったことが三井の証言から読み取れる。

（原爆開発は）陸軍のほうが先で海軍は遅かったと、一生懸命言われるんですけど、本当に委託研究を出したのは四三年ぐらいだったんです。だけど、磯（三井の前任者）さんの出身校（京都帝国大学）であるし、ほかの研究もいろいろ頼んでおりましたから、我々はもう絶えず出入りしておりましたから、本当にいつ頼んだかということは分からないぐらい密接だったんです。（同前）

F研究の依頼を受けた荒勝は次のように答えたという。

原爆は理論的には出来るが、実現するためには濃縮ウランが出来るかどうかがカギだ。しかし、日本の当時の研究体制や工業力、資材、資源などからみて、とても今度の戦争には間に合わない。（『昭和史の天皇　原爆投下』）

それでも荒勝はF研究を引き受けることには同意した。このときの荒勝の心情を、長年荒勝の研究を続けてきた京都大学の政池明名誉教授は次のように語る。

「海軍と荒勝の間にはある意味で密接な関係があったわけです。それで海軍が言うのだから、これまでもこれだけ援助してくれたし、原子兵器ができないことはわかっているけども、一応引き受けるかという気持ちになったのが一つ。もう一つはもし海軍がサポートしてくれれば、自分がやりたいと思っていた物理学の基礎研究をずっと続けられると」

七　研究レベルに終わった〝核兵器開発〟

滋賀県大津市。琵琶湖のほとりに「びわ湖大津館」と呼ばれる近代和風建築物が建っている。広大な湖を見渡せる、銅葺き屋根の外観に、中はクラシカルな洋風の内装がほどこされている瀟洒な建造物だ。現在はレストランや宴会場、イングリッシュガーデンを兼ね備えた文化施設として利用されているが、この建物は元々は一九三四（昭和九）年に外国人観光客の誘致を目的に建てられた「琵琶湖ホテル」を一九九八年に大津市が買収したものだ。琵琶湖ホテルは当時、「湖国の迎賓館」と呼ばれ、昭和天皇をはじめとする多くの皇族やヘレン・ケラー、ジョン・ウェイン、川端康成など各界の著名人が宿泊する格式高いホテルであった。私たちが撮影に訪れた二〇二〇年六月下旬、新型コロナウイルスの感染拡大の影響もあり、そこはかつての繁栄を偲ぶにはあまりにも閑散とした建物がたたずんでいた。

一九四五年七月二一日、この琵琶湖ホテルで京大と海軍の合同会議が開かれ、F研究についての話し合いがもたれた。京大からは戦時研究員の荒勝、湯川、小林、佐々木、清水。超遠心分離器の製作を担当していた東京計器の新田重治。海軍側からは三井と北川徹三技術中佐が出席した。

会議で何が議論されたのか詳細は明らかになっていないが、この会議に提出されたメモが残されている。「July, 1945 荒勝先生のメモ」と題されたメモには、ウラン核分裂の連鎖反応の臨界条件が示されている。政池によると、この会議では日本における原爆開発の具体的な計画やその実現に向けた日程の話し合いが行なわれたわけではなく、研究発表と意見交換に終始したと考えられる。

F研究の合同会議が開かれた旧琵琶湖ホテル

一方海軍側からは、原料のウランが十分に入手できないという悲観的な報告があったとされる。それを裏付ける三井大佐の証言がある。

我々は京都大学に委託するについても、先生方からウランの鉱石を一トン二〇〇か一トン五〇〇集めてくれと言われたんです。それでそれだけ一生懸命集めているんだけど、それで（原子爆弾が）何発できるかという質問があった。

それで私は、いや、それは実験用だけですよ、と言ったら、うわーっと。それで、一トン二〇〇か一トン五〇〇集めれば、ある程度まで濃縮すれば、実験ができるんじゃないかというのが先生方の結論だったんです。

それで一生懸命集めるんですけど、なかなか集まらない。これを集めたとき、一番余計に集めてくれたのが、児玉機関なんです。上海にあった児玉機関、児玉誉士夫、三十二歳ですよ。ほとんど児玉機関だったんです。

これは一部分は京都に持っていきまして、京都の今の話題の、大学の裏、百万遍というお寺がありますけど、百万遍あたりのお寺に納めた。それから一部分は技術研究所の科学研究部に回った。

（『［証言録］海軍反省会5』）

海軍では上海の児玉機関などを通して、京大にウラン化合物を約一〇〇キログラム納入していたが、荒勝の要求に応えるにはそれよりもさらに大量のウランを必要としていた。原爆開発どころか、そもそも実験段階でのウラン原料の確保も難航しており、さらに濃縮のための遠心分離器もこの時点で完成していなかった。

琵琶湖での荒勝たちの会議は大きな進展もなく終わる。しかしこの五日前の七月一六日、米国はニューメキシコ州で人類初の核実験「トリニティ実験」を行ない、マンハッタン計画はいよいよ仕上げの段階に近づいていた。

八　原爆投下と科学者の責任

一九四五年八月六日。荒勝たちのＦ研究は突然終わりを告げる。アメリカによる広島への原子爆弾の投下。そしてその三日後、長崎。何万人もの人々が一瞬にして命を落とした。原子核分裂の発見以来、世界中の科学者たちはその謎を解明し、それを人類の発展に用いたいと原子核の研究を続けてきた。しかし結果的にその研究努力が原子爆弾を生み出し、広島や長崎の悲劇を招くこととなった。

日本の原爆開発は、米国と英国の巨大国家プロジェクトであるマンハッタン計画の前に、もろくも敗れ去った。日本の原爆開発調査を行なったファーマン・リポートには、そのレベルが実際に兵器としての原子爆弾を製造するレベルには到底達していなかったとして、要約すると、以下のように結論づけている。

日本にはウラン資源が決定的に不足していた。地理学的調査では日本軍の支配下にある地域内でウランの新しい資源を発見することはできなかった。

日本での原爆の基礎研究はアメリカの一九四二年レベルだった。

大学での通常の学術的な研究の域を超えることはなかった。（一九四五年九月二八日）

調査を率いたファーマンは、二〇〇八年のインタビューで日本の〝原爆開発〟について次のように総括している。

もし開発を進めていたのなら、オークリッジ（研究所）で行なわれていたような大規模プロジェクトであるはずだということです。四万フィートほどの倉庫を見せられて、ここで研究を行なっていたと言われただけなら十分安心できます。オークリッジの施設は一〇〇万フィートだったからです。（中略）朝鮮では特に鉱物資源のある場所を調べました。すべての鉱山を視察して、彼らがウランやトリウム、ラジウムの採掘に関心を持っていないかどうかを確かめました。それが開発の第一歩だからです。我々はこれらのことを考慮して結論を出し、本格的な計画は行なわれていないという報告書を提出しました。

（"Voices of the Manhattan Project"）

荒勝の孫弟子である京都大学の政池明名誉教授にとって、荒勝の科学に対する真摯な研究姿勢は心から尊敬するものであり、それゆえにその荒勝の業績を改めて世に知らしめたいという思いから、膨大な時間をかけて調査と資料収集を行ない、すでに本書で何度となく触れている『荒勝文策と原子核物理学の黎明』という大作を著した。

同時に政池は、基礎研究を行なう科学者の倫理的な責任について深く考え続けてきた。政池は敬虔なクリスチャンである。彼の父親の政池仁は東京帝国大学理科在学中に日本を代表するキリスト教思想家の内村鑑三に師事し、無教会主義のキリスト教伝道者となり、満州事変の際は「非戦論」を唱え教職を辞するなど、五〇年にわたり平和主義を掲げた独立伝道活動を続けた人物だ。政池もまたその遺志を受け継ぎ、二〇一五年には『科学者の原罪』という本を著した。著書の中で政池は、科学者の「知りたい」という欲望が人類の発展を支えてきた一方で、原爆の開発に基礎科学者が従事した事実をふまえ、「科学者はそもそも原罪を宿している」という事実を見つめ、「全ての科学者は、自分が行なっている研究の結果がどのように使われるのか良心に従って考える

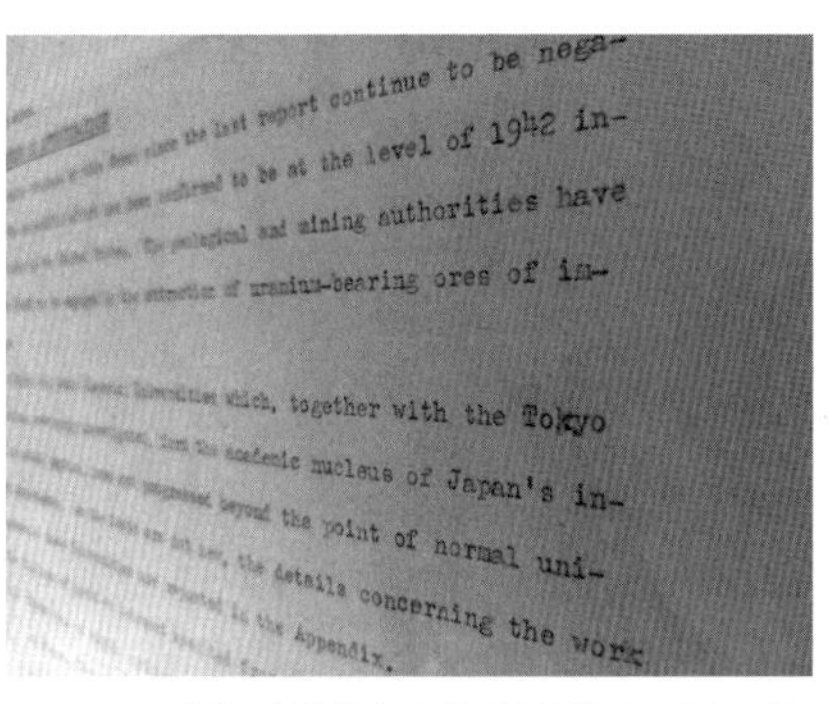
report continue to be nega-
the level of 1942 in-
authorities have
uranium-bearing ores of im-
which, together with the Tokyo
academic nucleus of Japan's in-
beyond the point of normal uni-
the details concerning the work
in the Appendix.

ファーマン・リポート結論（ATOMIC BOMB MISSION JAPAN/FINAL REPORT より）

責任がある」と訴える。

政池は、荒勝は原子核物理学の基礎研究に力を注ぎ、軍事研究にはきわめて消極的なひとりだったと考えている。しかし、大戦末期に積極的ではなかったにせよF研究の代表になったことは事実であり、科学者の倫理の問題として問われねばならないと考えている。

荒勝の「科学者としての責任」について質問すると、政池は言葉を慎重に選びながら、ときおり苦渋の表情も見せ、そして最後にはまっすぐに正面を見据え、はっきりと次のように答えた。

「荒勝が本当に原子核兵器の研究をやる気があったのかということ、僕はそんなに積極的でなかったのは確かだと思います。渋々ではありましたが原子核兵器を開発することを最終的には認めて、F研究という戦時研究の責任者となった荒勝文策についても僕はこの問題の責任を逃れることはできないと思います」

原爆開発競争に敗れ、広島と長崎への原子爆弾の投下を目の当たりにした荒勝たち。やがて、自分たちの研究の先に、すさまじい破壊の世界があることを知ることとなる。

第六章

広島での原爆調査・荒勝の信念と葛藤

海南友子

枕崎台風で命を落とした花谷暉一　荒勝研究室でも将来を嘱望される学生だった

一　原爆投下直後の広島へ

一九四五年八月六日。人類初の原子爆弾が広島に落とされた。

戦後世代の私たちにとっては、このとき、広島に投下された爆弾が原子爆弾だということは疑う余地もない事実である。しかし、一九四五年八月六日の時点では、日本サイドにはこれがいったい、どんな爆弾なのかについては正確な情報を知るものはいない。直後の報道では、新型爆弾と呼ばれており、果たしてそれが本当に原子爆弾なのかということはまだ特定されていなかった。皮肉なことに、長年、核物理学の研究に没頭してきた学者たちが、この爆弾が原爆であるという調査を行なうことになった。もちろん、海軍の命令でF研究に取り組んでいた荒勝たちもそこで大きな役目を果たす。以下は清水榮の日記、公式記録などの資料によりながら時系列で荒勝研究室の動きを追っていきたい。

新型爆弾投下のニュースをいち早く荒勝研究室に伝えたのは、京大化学研究所荒勝研究室所属の村尾誠。村尾は京都市内の電気工事店の息子だったが、手作りの短波受信機で、禁止されていた海外放送を密かに聞いて、その情報を研究室の仲間に伝えていた。この日、ハワイ放送を聞いていた村尾は、トルーマン大統領の重大声明を聞き、米国が原子爆弾を広島で使用したことを耳にする。この村尾の聞いてきた話で、翌日の荒勝研究室は持ちきりとなった。

清水榮の日記には、「（八月八日の）朝刊には広島爆撃の記事大きく出てゐる。少数機三機らしいと、原子爆弾らしいと（中略）三機位来ただけで広島市の大半がやられたとすれば大変なことである」と記されている。

八月八日、荒勝は軍政を司る京都師管区司令部と話し合い、九日の夜行列車で広島をめざすことになった。研究室からは、荒勝のほか、木村毅一助教授、講師の清水榮、大学院生の花谷暉一らが参加。これに加えて海軍と陸軍の技術将校、また京都帝国大学医学部の杉山繁輝教授と学生を加え一一名の派遣団となった。荒勝たちにとって、これは核物理学者として、新型爆弾が原子爆弾であるかどうかの真偽を科学的に確認する機会だった。次の原爆が京都に落とされる可能性も取りざたされており、科学者として一刻も早く、広島に赴く使命を感じていた。八月一〇日に広島駅に到着した一行が市内で目にしたのは、おびただしい屍体の山。街の大半が廃墟と化した広島で、荒勝たちは市内十数か所で土壌など放射線を浴びたと思われるサンプルを採取し、そのままとんぼ返りで一〇日夜の広島発の夜行列車で京都に持ち帰った。

同時期、東京から理化学研究所の仁科芳雄教授も現地入りしていた。仁科は東京で陸軍の命令で原子爆弾の開発研究である二号研究を行なっていた責任者。広島で一緒になった荒勝と仁科。当時の日本の核物理学を代表する研究者と陸海軍の合同会議がこの日に広島で行なわれた。京大調査団の一員でこの会議に出席していた木村毅一助教授（一九四五年当時）は、後年、「読売新聞」の取材に「出席者は一応、この爆弾は原爆であるという前提のもとに話し合ったと思う。しかし京大側としては、『放射能の有無をたしかめない限り、最終的に原爆とは断定できない』という態度は一貫して持っており」と述べている（『昭和史の天皇 原爆投下』）。

荒勝は徹底した実証主義で、調査研究や実験を繰り返して結論を導く姿勢をこのときも貫こうとしていた。

一一日、広島から土壌サンプルを持ち帰った荒勝たちはすぐに研究室で放射能の測定を始めた。京都に持ち帰ったサンプルの中には、核分裂によって生じたと思われる放射性物質があった。特に爆心地に近い西練兵場の土が自然に存在している放射能の四倍ものベータ線を出していた。しかし、爆心地から遠い地点では異常は発見されなかった。このとき、この一次調査の結果を受けて、荒勝は追加調査を指示した。万が一、放射能が計測された土地そのものがたまたま最初から放射性を持っていた可能性を完全に否定することができないためだ。荒勝はこの日、直ちに追加の現地調査を行なうことを決めた。広島に再び赴いて、より多くの場所で放射能を帯びているかもしれない多くのサンプルなどを採取してくることと、その足で長崎にも向かう予定にした。九日に新型爆弾が投下された長崎でも同じ調査が必要だと考えたからだ。

第二次調査を率いたのは第一次にも参加した清水榮。それ以外のメンバーは前回とは入れ替え、学生と海軍の技術大尉ら九名で、一二日の夜、京都駅をたった。清水は連続しての広島入りで、持病のため体力的にはかなり厳しかったはずだが、調査にかける荒勝の思いとひとつになり、なんとしても新型爆弾の正体をつきとめようと再び広島入りを決めた。このときの清水の体験は、戦後のビキニ環礁での水爆実験で被爆した第五福竜丸の調査にもつながってゆくのだが、その詳細は第八章に記すこととする。

第二次調査は、前回の調査よりもより広い地域を回った。市内各地で目にした広島の惨状は、苛烈を極めた。皮膚を焼かれ髪の毛が抜け落ちた性別不明の多くの屍体。死臭漂う瓦礫(がれき)の町で、清水たちはサンプルを収集し続けた。途中、軍から北部九州がさらなる攻撃に遭うという情報がもたらされ、学生の命を守るために長崎行きは断念することになった。チームの中から二名が一四日に広島を離れてサンプルを先に持ち帰った。清水たちは継続調査を続け、夜行列車を乗り継ぎ京都に戻れたのは一六日。前日に、玉音放送で日本の敗戦が告げられた後だった。疲労困憊の中、京都駅から直接、京都帝国大学の荒勝研究室に広島で採取したサンプルを持ち帰った。

第二次調査チームが収集してきた金属片などさまざまなサンプルを慎重に測定した荒勝は、爆心地からの距離の二乗に反比例して、ベータ線の強さが変わっていたこと、そして、各サンプルが示す放射能は、爆発に伴って放出された中性子によって引き起こされたものであり、爆発の正体はウラニウムU235だと判断。広島に落とされた新型爆弾が原子爆弾であったとの結論を導き出し、急ぎ海軍と京大の連絡を担当していた海軍技術研究所の北川徹三中佐に宛てて電報で知らせている。

「シンバクダンハゲンシカクバクダントハンテイス」

二　科学者として——人類の希望のための研究

政池明氏の『荒勝文策と原子核物理学の黎明』によれば、「徹底した経験主義者で何事も自分の目で確かめない限り結論を出すことに慎重だった荒勝が、自分達の観測を踏まえてこの爆弾が原子爆弾であると断定したことには説得力があった」と記されている。

軍部への報告から遅れることおよそ一ヶ月後。九月一四日から一七日。荒勝は四日間にわたって、「朝日新聞」に広島の新型爆弾についての詳細な調査結果を発表している。八月一〇日から二回にわたって現地入りして行なった調査を基に、核物理学の専門知識を生かし、中性子の放出やウラニウム爆弾の規模について詳細に分析。すでに軍部には報告済みだったが、より多くの一般の日本の人々にこのことを知らしめんと、丁寧に執筆している。数値も盛り込み、荒勝の手によって、広島原爆の詳細な概要が公表された記録となった。

「朝日新聞」での連載記事。
「『原子爆弾報告書　広島市における原子核学的調査』京大教授　理学博士　荒勝文策」は、四日間の連載をおおむね以下のような構成で綴っている。

① 九月一四日　連載の初日には、「八月六日広島市において原子爆弾がはじめて実戦に使用せられたといふ情報を受けた。（中略）われわれにとつては兎にも角にもこの爆弾が果たして原子核爆弾であるかどうか決定することが第一の課題であつた」という書き出しで始まり第一次調査の詳細を説明。八月一〇日から爆心地に近い西練兵場をはじめ、爆弾投下後人が立ち入っていない十数か所で土壌サンプルを採取し、京都に即日引き返したこと。それらを

すぐに測定したところ、西練兵場の土からベータ線が高い数値で検出されたこと。原子核爆弾である疑いが濃厚になったが、より多くの試料サンプルの収集と分析の必要を感じ、翌一二日に再び調査隊を送ったこと。

② 九月一五日　二日目には、「爆発に際し多量の過剰中性子が放出せられ、(中略) 銅、鉄、アルミニウム、銀、硫黄、リン、カルシウムその他の元素にベータ放射能を持たしめるものと考へられる」と述べ、第二次調査が広島市内百数十か所から採取して計測した詳細を記している。それらの試料サンプルの金属などの放射能の測定を一覧表で掲載し、計測したそれぞれの物質の一部は、すでに以前から知られている放射能の半減期よりはるかに長い半減期を示していることを図表で説明。たとえば「鉄製品(磁石、鉄板、針金)の放射能を検するに、これは知られてゐる鉄そのもののベータ放射能の半減期(二・五時)よりははるかに長い半減期(十五日)を示すことを見た。これは恐らくこれに含まれてゐる他の元素たとへばコバルトによるものかと思はれた」などと一般人にわかるように数値を提示している。「以上の諸結果より判断するに、この原子爆弾は爆発に際し多量の高エネルギー速中性子を放出したことが明瞭で、緩速中性子はほとんど放出されなかつたものと思はれる。このことはこの爆弾がウラニウム爆弾であらうと想像することに妥当性を与へるものである」と締めくく

っている。
③　九月一六日　三日目は、調査事実から推論される内容のうちの最初のふたつを掲載。「いはゆる爆心は正しく中性子発生中心なること」「地上に到達せる中性子数の推定」について数値を多用して説明を試みている。
④　九月一七日　連載の最終日。前日に掲載したふたつの推論に続けて最後の推論として、「生物学的作理への言及」と称して、生物への懸念される影響を説明した。たとえば、「爆発時発する強い中性子の衝撃による組織分子の直接破壊（染色体に遺伝学的変化を起こすとも考えられている）」「比較的長期にわたつて（中略）物質に作用し組織の破壊を来し、時に遺伝学的作用をも生じる」「強き中性子の衝撃は人体内白血球の数を著しく減少せしめる」「強いエネルギーの電子線が生物の毛を直ちに抜けしめる作用を有する（中略）。強き中性子によるベータ線がこの作用を示す」「爆発当時二キロ半半径内にゐた人が後に発病することは上記のごとく中性子の作用として理解しえることである」「広島市の各所に試験農園を作つて生物学者が観察することは必要」といった生物学的な影響を詳細に述べた後、荒勝は以下の言葉で連載を締めくくっている。
「われわれは学術的調査が広島市の人と街とに希望と光明を与へ、今後に行はるべき種々の

原子核学的基礎研究が全人類にこの惨害に対する治策を与へるのはもちろん、進んで光輝ある人類の祝福を自ら感ずる態の業績を見出し、人が人として生れたる喜びを感ぜしむる日の来らんことを希ひ、かつ信じてやまない」

人生を核物理学にかけてきた荒勝にとって、原子爆弾の威力と脅威、さらにその影響について実地調査を伴って詳細に調べることは、科学者として長年研究を続けてきた自分にしかできないことだという自負があったのだろう。特に、結びで述べられている「今後に行はるべき種々の原子核学的基礎研究」というところには、荒勝が今後の研究にかける強い信念が感じられる。戦争が終わった今、自らも学生たちも、自由に社会のため、人類のための研究を行なうと、荒勝は高らかにうたいあげた。

荒勝の連載が終わった直後、九月一九日に占領軍総司令部（ＧＨＱ）は国内のすべての報道機関に新たにプレスコードという報道規制を指示。これ以降、原子爆弾に関する報道は規制によって難しくなる。

「この記事が掲載された直後、ＧＨＱによる検閲が始まり、原爆被害に関する研究と発表が禁止されるので、この記事は当時原爆について公表された数少ない貴重な資料の一つとなった」と政池明氏は著書の中で分析している。

この連載と前後して、九月一二日に文部省の学術研究会議（通称「学研」）が、原子爆弾災害調査研究特別委員会を設けた。学術研究会議として、原子爆弾による広島、長崎の被害について、総合的な調査研究を行なう組織だった。委員長には学研会長で東京帝国大学名誉教授の林春雄。九つの分科会で構成され、物理学化学地学、生物学、機械金属学、電力通信、土木建築、医学、農学水産学、林学、獣医学畜産学と多岐にわたった。当時の学会の権威を総動員しての調査研究体制だった。京都帝国大学からは荒勝、ほかにも陸軍の命令で原爆研究にたずさわっていた理研の仁科芳雄、東大、阪大など当代一流の学者が名前を並べた。

戦時下、F研究についての会合を、荒勝や湯川が海軍と共に、滋賀県の琵琶湖ホテルで持ったのはわずか二ヶ月前のこと。その後、原爆投下と終戦という大きな転換期を経て、研究の現場も、帝国主義から解放され、戦争被害について学術的に真摯に向き合う気運が高まりつつあった。ところが占領軍による研究結果の公表禁止という新たな制約が科され、研究者の悩みは更に長い間続くことになる。この調査団の報告書も占領軍の命令で公表が差し止められ、全面的に公になったのは一九五一年になってからであった。

三　広島での惨事――荒勝研究室、運命の二週間

「朝日新聞」紙上で、広島の原爆に関して荒勝の志高き連載が掲載されていた同じ週の九月一四日、一五日。米国のファーマンとモリソンは、京都帝国大学で湯川と荒勝の研究室を訪ねている。米国が疑いをかけている〝原爆開発の疑惑〟に基づき、両教授の戦時研究について詳細な聞き取りが行なわれた（ファーマンたちのこのときの調査については、第一章、第二章参照）。このころ、荒勝の頭の中は、広島の現地調査の継続研究でいっぱいだった。奇しくも九月一五日は、荒勝が指示した第三次の調査チームが広島に出発する日でもあった。

九月一五日夜、第三次調査チームが京都駅から夜行列車で広島へ向かった。チームリーダーは木村毅一、ほかには理学部助手の堀重太郎、大学院生の花谷暉一、学部生の西川喜良、高井宗三、京大化学研究所の荒勝研究室雇員だった村尾誠の六名。この第三次調査チームは、これまでよりも長期間広島に滞在し、現地で詳細な放射能測定を行なう予定だった。そのため大掛かりな計測機材や記録のための用具を携え、さながら研究室のミニ分室の様相を呈していた。

しかしこの調査は、原子爆弾による放射能の研究に力を注いでいた荒勝に、結果として大きな

悲しみをもたらすこととなる。

二〇二〇年、私は広島県を訪れた。広島市の西に位置する廿日市市。世界遺産の厳島神社のある宮島で知られる地域だ。残念ながら二〇二〇年から二〇二一年にかけて厳島神社は大規模な工事中で拝観できるエリアが限られていた。新型コロナのパンデミックが始まる前は、外国人客でごった返していたらしいが、今はひっそりとしてかつての落ち着きを取り戻している。本土から宮島に向かう場所にあるJR宮島口駅のふたつ隣のJR大野浦駅で私は降りた。歩いて一〇分ほどの場所に、その石碑はひっそりと建っていた。大きな石碑だが周囲を緑に囲まれ、訪れる人もあまりない静かな場所だ。耳をすませば瀬戸内海の波音が聞こえてくる。石碑には、「京大原爆災害調査班遭難記念碑」という文字が刻まれている。これは、終戦直後の一九四五年九月、大野浦のこの一帯で命を落とした京都帝国大学の教官や学生ら一一人を慰霊した石碑だ。京都大学の手で一九七〇年に建立された。石碑には、命を落とした調査団の全メンバーの名前が一人ひとり丁寧に刻まれている。その中に、荒勝が送った第三次調査チームのメンバーが含まれている。当時、この大野浦には大野陸軍病院があった。規模の大きな二階建ての頑丈な建物で、広島市内の建物が壊滅的な被害を受けている中にあって被爆前の機能が残っていた。

広島市内からも比較的近く、ここに原爆で傷を負った多くの患者が収容されていた。一九四五年の九月頭から、軍の要請を受けて、京都帝国大学医学部の教官や学生がここで長期滞在しながら、原爆疾患の治療と調査を行なっていた。実は、このころ京都帝国大学では、総合的に原爆に関する調査体制を作り、全学あげて取り組もうとしていた。それが石碑に刻まれている京大原爆災害総合研究調査班であった。

先行して病院に長期滞在していた京都帝国大学の医学部チームを率いていたのは医学部の杉山教授。原爆投下直後の八月一〇日に荒勝と一緒に広島に入った第一次調査に参加した教授だ。杉山教授のチームは荒勝の第三次調査に先駆けて、九月二日には京都をたっていた。医学班のメンバーを率いて被害者の治療に加えて、解剖研究も行ない、放射能が長期間にわたってどのように直接的あるいは間接的に影響を及ぼすかについて研究を行なっていた。物理学教室荒勝研究室の第三次調査団が大野陸軍病院に合流することで、総勢約五〇名の京都帝国大学のチームができ、医学と物理学の研究者たちが手を携えて、原子爆弾による被害の研究や被爆者の治療にあたる一大プロジェクトになるはずだった。その矢先に、惨事は起こってしまった。

一九四五年九月一五日の夜。夜行列車で京都をたった物理班の一行は、一六日に広島入りした。現地はひどい土砂降りで、大野浦の大野陸軍病院にたどり着いたのは夕刻だったという。雨の中、放射能測定器を運ぶのはかなり困難だったが、到着した直後に病院の本館の一部を根城にして機材を設置し、放射能の測定を行なう準備を調えた若者たちはやる気に満ちあふれていた。

事件は九月一七日の夜に起きた。研究者たちを襲ったのは枕崎台風だった。枕崎台風は、昭和の三大台風のひとつに数えられ、室戸台風、伊勢湾台風と並んでその名を残している。死者二四七三人、行方不明者一二八三人、負傷者二四五二人。九月一七日一四時ごろ、鹿児島県枕崎市に上陸した枕崎台風は、最低海面気圧九一六・一ヘクトパスカルの猛威をふるいながら、九州、四国、近畿、北陸、東北を通過して三陸沖に抜けた。終戦直後で、気象情報が少なく防災体制も不十分であったため、各地で大きな被害が発生した。最大瞬間風速毎秒七五・五メートル、広島でも同四五・三メートルを観測。降水量も二〇〇ミリを超えた。鹿児島県の枕崎という名前がつけられているが、もっとも深刻な被害を受けたのは広島県だった。県内各地で大小の渓流が氾濫、土石流が発生し広島県だけで死者二〇一二人。大野村（現廿日市市大野町（おおのちょう））でも大規模土石流が発生し、下流の大野陸軍病院を直撃した。天気予報は軍事作戦に欠かせないとして、一九四一年一二月八日から三年八ヶ月にわたって新聞やラジオから一切消えていた。

戦時中の東南海地震（一九四四年一二月、M7・9、死者・行方不明者一二二三人）や三河地震（一九四五年一月、M6・8、死者・行方不明者三四三二人）も報道されていなかった。天気予報が復活したのは終戦後の八月二二日。その翌月に枕崎台風は発生した。

ノンフィクション作家の柳田邦男の『空白の天気図』には、大野陸軍病院の生存者である医務課長水野宗之大尉（当時）の証言が掲載されている。「あの日は、午後から雨と風が強かったですね。（中略）本館二階の北の隅にある一室のベッドで早々と寝たのです。（中略）十時過ぎでしたか、ガタガタ騒々しい音でハッと目が覚めたとたん、バリバリッと建物が傾き出したのです。暗闇の中で何が何だかわからないまま、とっさにベッドの下にもぐりこんで、ようすをみました。（中略）這い出してみて驚いたのですが、本館の建物が、私のいた北の端の一角を残して、ちぎられたようになくなっていたのです。そして、本館があった筈のところは、轟々という音をたてて、水が流れているではありませんか」。

同じく生存者の大下薫衛生准尉（当時）の証言では、この病院は原爆の被害者およそ一五〇〇人が収容され、多くの遺骨も安置されていた。亡くなった一八〇名近くのうち、一五六名が患者と病院職員。そして、京都帝国大学の研究者一一名が命を落とした。

九月一七日、午後九時ごろから異常な雨量となっていた。第三次調査チームを引率していた木村毅一助教授（当時）や、医学部の杉山教授らは夕食後、食堂で雑談していた。当時広島気象台は原爆の被害から立ち直っておらず、気象特報が一般に知らされることはなかった。午後一〇時、全館停電になり、しばらくすると突然轟音が響いて、建物が山に面した北西側から激しく沈み出した。建物はあっという間に崩落し、全員が山津波（海南注：土石流）に飲み込まれてしまった。

荒勝研究室のメンバーで生き残った西川喜良は、夜一〇時、病院の食堂で談話している時、汽車が走るような音を聞き、風もないのにおかしいと思った瞬間ふわりと体が持ち上がるように感じられて、意識を失ったという。「ただ頭を先に崖に落ち込んでいくのを記憶しているだけだった」と回想している。

前述の柳田の『空白の天気図』には、調査団を率いた木村毅一が山津波に流される様子が記されている。

自分（木村）はこれで死ぬのだと観念したが、ふと気

枕崎台風で壊滅状態になった大野陸軍病院

がつくと濁流の中に突き出た大きな岩に無意識のうちにすがりついている自分を発見した。海の中らしかったが、そこがどこなのか闇の中なので全くわからなかった。遠い遠い海の彼方まで押し流されてしまったような気がして、声を限りに助けを呼んだが、応答はなかった。

海岸線に押し流され岩場で一夜を明かし、頭に怪我(けが)を負ったが一命をとりとめた木村。その後、同じく生存していた荒勝研究室の学生、西川、高井と再会した。しかし、堀、村尾、花谷の三名は行方がわからなかった。花谷暉一は、まだ大学院生でありながら戦争中に、中性子による核分裂に熱心に取り組み、研究室のホープといえる存在だった。花谷は第一次調査にも参加し、西練兵場で採取した土壌を京都に持ち帰り、原子爆弾の特定に貢献した優秀な大学院生だった。また、村尾誠は、トルーマンの広島への原爆投下の声明を、手作りの短波受信機でキャッチし、研究室にいち早く伝えた人物だった。堀重太郎は助手（現在の助教）として将来が期待されていた。さらに、堀は事故のちょうど一ヶ月前の八月一七日、終戦のわずか二日後に京都で結婚したばかりだった。相手は、研究所の講師であった清水榮の妹だった。清水の日記には、義理の弟になったばかりの堀重太郎が、第三次広島調査に出発する直前の様子が記されている。「その日、堀くん来たる。一〇日の予定で、宿泊は陸軍病院。食料も豊富。ゆっくり原子爆弾のあとをみてくると」。

偶然にも、堀の結婚式の媒酌人を務めていたのが、医学部を率いていた杉山教授であった。杉山は瀕死の状態で見つかり九死に一生を得たのだが、その後肺炎を発症して、一〇月九日に死去。杉山が率いていた医学部のスタッフや学生も多数命を落とした。

荒勝研究室第三次調査チームの村尾誠の遺体は翌日発見、花谷暉一の遺体は後になって見つかった。しかし、堀重太郎は最後まで行方不明のままだった。京都帝国大学にこの惨事を知らせようとしたが、電報も交通機関も遮断されており容易ではなかった。荒勝研究室に連絡が届いたのは三日後の九月二〇日だった。

四　優秀な学生を失い、失意の荒勝

事故の第一報を受けて、荒勝研究室は大混乱に陥った。

清水榮の日記にはこう記されている。

> 九月二十日　一大事勃発す。（中略）京都大学の一行は大野浦の陸軍病院に於いて十七日夜台風のため死傷十名、行方不明八名を出すと。（中略）堀君が死んだとすれば、結婚してちょうど一ヶ月目の妹のことが先づ頭に浮かぶ。嗚呼、人生は一寸先も闇なるか。

九月二十六日　お彼岸の最後の日だが妹は堀君の死体がまだ見つからず行方不明のままなので、どこかに生きているかもしれない。（中略）彼女の心中を推し測ってかわいそう

結局、堀の遺体は見つからなかった。事故で命を落とした堀重太郎のことを、清水榮は晩年まで、優秀な研究者だったと嘆いていた。

荒勝は事故の一報を聞くとすぐに学部長にかけあい、生前にさかのぼって、命を落とした三名にできる限りの厚遇をほどこした。堀については講師に地位を格上げし、花谷にはウランの核分裂の研究で学位を授与した。特に、花谷は原子核の研究で非常に大きな成果を上げていた優秀な学生であった。彼が原爆投下後に第一次調査チームに参加し、原爆であることをつきとめるのに大きく貢献したことは紛れもない事実であり、生前の彼らの功績を高く評価して、すこしでもできることをしたいと荒勝は奔走した。

残念ながら、第三次調査チームが行なうはずだった長期調査は、計測機器も山津波に流されてしまったため中断。成果の代わりに持ち帰ったのは、花谷らの遺骨だった。一〇月一一日、京都帝国大学本部の大講堂で、命を落とした研究者たちの大学葬が執り行なわれた。

九月一七日の「朝日新聞」の連載の最終日に、「自分たちの調査で今後の世界に新しい光明をもたらしたい」と願った荒勝だったが、記事が掲載されたその夜に優秀な学生を失うとは夢にも思っていなかっただろう。若い研究者を戦場で死なせないために気が進まなかったF研究に関わった荒勝の失望は計り知れなかった。

戦時中、荒勝は戦況が悪化していく中で、戦地に召集されるスタッフや学生が出てきていることに心を痛めていた。清水榮は晩年に荒勝研究室の仲間の逝去に寄せた「柳父琢治君をめぐっての思ひ出」の中で、「昭和十九年後半より戦局は敗戦の様相が日を追って濃くなり、研究室では物資困難な折、先生（荒勝）と木村先生と私（清水）がサイクロトロンの建設や物資の調達や、民間会社との困難な折衝で一歩一歩、事業を進めていった。これには海軍よりの応援があったが、海軍よりF研究と称してウラン核分裂とその連鎖反応の可能性について研究を委託され、これは正式には昭和十九年の秋であった。学生と研究員がほとんどいなかったが、これを引き受けることによって私共若い者を戦場に送らなくって少しでも純学問の研究に従事させたいという荒勝先生の深い心遣いがあったようでもあった」と記している。

荒勝のF研究参加の背景には、優秀な学生を戦場に送らせず、研究を続けさせるためという目的があった。戦争が終わり、自由な研究の可能性が出てきた矢先、自然災害とはいえ、自らが命じた調査で優秀な学生たちを死なせてしまった。清水榮の遺族である勝氏は私たちの取材にこう答えている。

「荒勝先生たちが、F研究に関わったひとつの理由は、優秀な学生を戦場に送らないで研究室にとどめるという目的があったんですよ。終戦を迎えてこれでもう戦場に行かずに済んだのに、広島の調査に行かせて命を落として。悔しかったと思います。荒勝先生も父も」

大野陸軍病院での大惨事の一報が、京都にもたらされた九月二〇日。荒勝や湯川たちの調査を基に、米軍のモリソンが書いたメモには「日本には優れた原子核物理学者がいるが、研究施設が貧弱なため技術的に遅れている」「彼らを常時監視する必要があるが研究を法的に規制する必要はない」と記している。そして、九月三〇日、ファーマンの報告書には、重要人物として新たに荒勝の名前が追加された。

「朝日新聞」での原爆についての連載、米軍の調査、第三次調査チームの大惨事、荒勝への米軍の注目。わずか二週間の間に荒勝の周囲で次々と起きたこれらの出来事が、荒勝の運命を変えて行くことになる。

第七章

サイクロトロンで荒勝が夢見たもの

浜野高宏・新田義貴

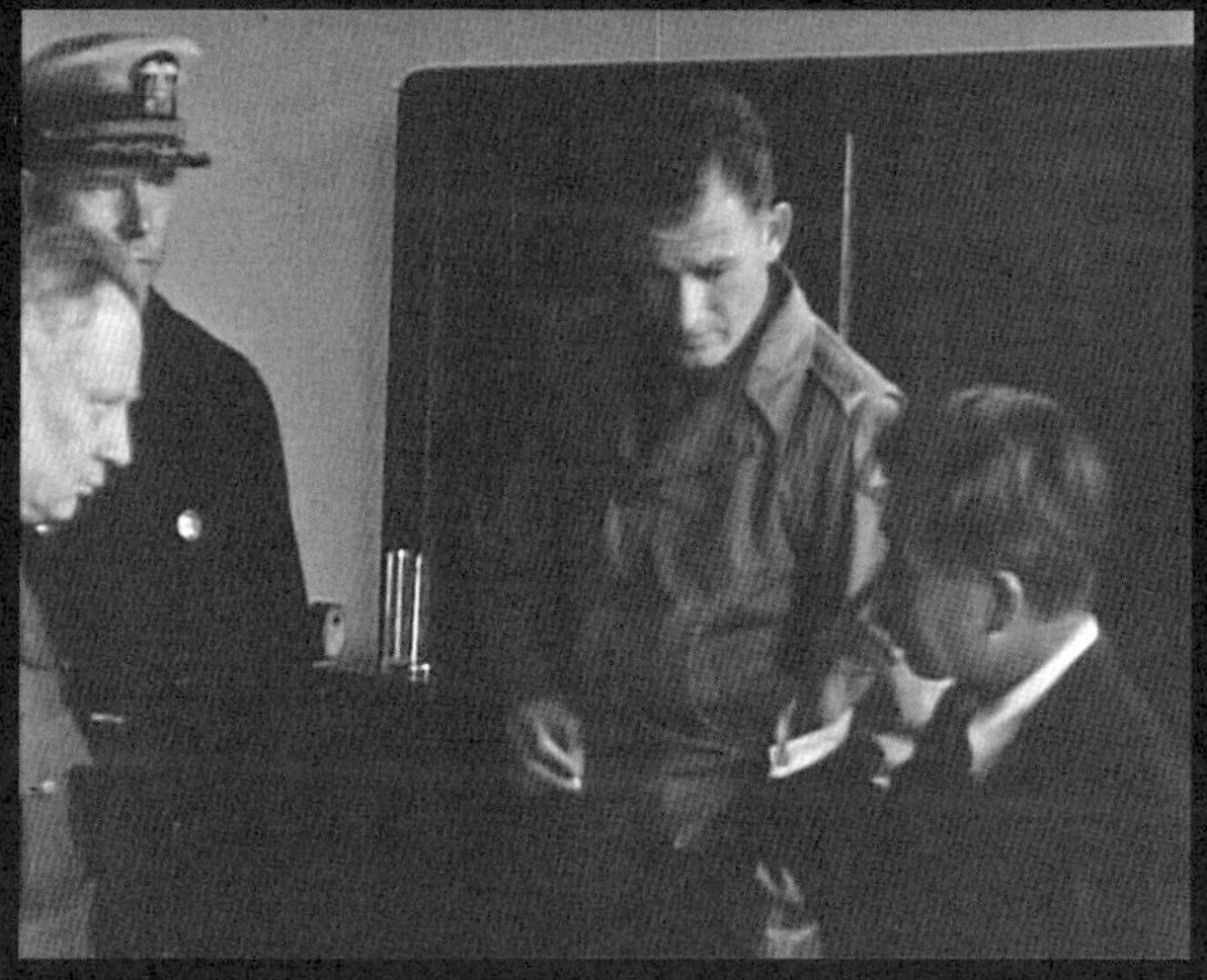

占領軍の聴取を受ける荒勝。となりは通訳のトーマス・スミス

一九四五年一一月（浜野）

広島の調査で大切な若き研究者を失った荒勝は失意の中にあった。終戦から三ヶ月が過ぎたある日、それに追い打ちをかける出来事が荒勝を襲う。

最高機密（TOP SECRET）の印が押された一九四五年一一月のアメリカ軍の資料には、理化学研究所、大阪帝国大学、京都帝国大学の三ヶ所でサイクロトロンの破壊を行なうという予定が記されていた。

第一章で紹介したアメリカ議会図書館で新たに発見された二〇〇点の資料。それらにはサイクロトロン建設の詳細な計画や設計図が含まれていた。それを破壊するというのだ。ということは、あの設計図の通り、サイクロトロンは完成していたのだろうか？

そんな疑問はすぐに解決した。ふと思いついて、CYCLOTRONのキーワードでアメリカ国立公文書館の公開映像のデータベースを検索してみたところ、まさに破壊へ向かうアメリカの軍人たちの姿の映像が出てきたのである。新型コロナで出張が禁止される中、私たち取材班は世界中の図書館や公文書館のデータベースにアクセスして検索する方法を学んでいた。はるばる現地に飛んでいかなくても、ある程度の資料は見ることができる。

そこに映っていたのは、まさに荒勝教授の写真の通りの姿だった。一生懸命にアメリカ人たちに説明をしているように見える。サイクロトロンの映像も映っている。設計図にあったサイクロトロンの主要部をなす大型電磁石がしっかりでき上がっていた。

しかし、映像の最後。サイクロトロンが無残に破壊されていく。いったいこの数日に何があったのかもっと知りたい。この映像の瞬間に絞って、さらなるリサーチを行なうことにした。

二　京大に眠る荒勝の夢の残骸（以下、新田）

荒勝はそもそも、サイクロトロンを使って何をめざしていたのか？　その手がかりを求めて私は再び京都大学を訪ねた。大学院理学研究科の成木恵准教授があるものを見せてくれた。それは、長さ三〇センチほどの黒光りする長方形の金属のかたまり。表面には、「純鉄サイクロトロン　ポールチップ」とマジックで文字が書かれている。これはポールチップと呼ばれる磁石を裁断した断片だという。ポールチップとは直径一メートル、厚さ一五センチほどの円盤形の鉄板で、粒子を加速させるための、電磁石の磁極に張り付けられるサイクロトロンに欠かせない重要な部品である。

「サイクロトロンの構造は、上下の電磁石の間に真空箱に納められた加速電極が配置されている。加速電極は中空の円盤を二分割した形状で（Dと呼ぶ）、高周波の電圧がかけられる。中心から投入された荷電粒子はDの中で磁場から力を受けてらせん運動を行いながら加速し、エネルギーを上げ、最後に軌道から外し標的に衝突させる仕組となっているが、この磁場が歪（ゆが）んでいるとイオンがうまく回らず加速できなくなる。そのため均一な磁場をつくるため上下の磁極（pole）付近にそれぞれ取り付けられるのがポールチップだ。ポールチップは磁気特性に優れた高純度鉄が使用される」（日本鉄鋼協会会報『ふぇらむ』vol.14 No.3 二〇〇九年）

サイクロトロンの心臓部、ポールチップの断片

ポールチップの断片を前に、成木は先人たちがめざしたものに思いを馳（は）せる。

「戦前の純鉄、普通の鉄とは違う貴重な純鉄なので、そういうものを準備してサイクロトロンを作って当時最先端だった原子核の研究をしようとしていたことはうかがえますね」

現在最先端の研究を続ける成木にとっても、戦前に作られたサイクロトロンの部品を目にするのは初めてのことだ。目の前にあるのは、日本の物理学の発展の礎を支えた幻の加速器「サイクロトロン」の歴史の動かぬ証拠なのである。

荒勝研究室のサイクロトロンは、戦後ＧＨＱによって破壊され、すべて海に沈められたと考えられてきた。しかし、ＧＨＱが研究室を訪れたときにサイクロトロンはまだ建造中であったため、取り付け前のポールチップは二枚とも撤去を逃れたのである。その後、ポールチップは京大の研究者によって大切に保管され、最終的に京都大学総合博物館にそのうちの一枚が保管されることになったのである。

三　加速器で成果を出し続けた荒勝

荒勝にとって加速器とは、自身の研究を実現させるための夢の玉手箱のようなものだったのかもしれない。そもそも日本で最初の加速器を作ったのも荒勝である。荒勝が一九三四年、台北帝国大学において自ら製作したコッククロフト・ウォルトン型の加速器でアジア初の人工核変換に成功したことは第三章ですでに述べた。その後、一九三六年に京都帝国大学に移った荒勝は、コッククロフト・ウォルトン型加速器を台湾から移設し、さまざまな研究成果を出していた。

太平洋戦争が始まると、多くの科学者は戦争に役立てられる研究に駆り立てられていったが、荒勝研究室では戦争とは無関係な純粋に学術的な基礎研究を変わらず続けていた。当時の実験データを記したノートは戦後、ＧＨＱによって押収されたためその全貌は明らかではないが、その一部が二〇〇六年にアメリカで見つかった。アメリカ議会図書館のトモコ・スティーン専門官が未整理資料の中から荒勝研究室の植村吉明が書いた「研究日誌」と、清水榮が書いた「覚書2」の二冊の手書きの大学ノートを発見したのだ。これらのノートを解析した政池名誉教授によれば、そこにはガンマ線による原子核反応や重水素の分解反応、ウランとトリウムの核分裂など、荒勝研究室の基礎研究の様子が克明に記されていた。

さらに、荒勝は中性子による核分裂の研究にも力を注いでいた。戦時中の一九四三年に書かれた核分裂に関する論文がある。後に広島で台風によって命を落とすことになる花谷暉一が担当だった。花谷は中性子源を使って、核分裂で放出される中性子の数を測定し、平均二・四個であるとした。この値は現在の世界的に最も優れた研究結果に比べても遜色がない。花谷たちは加速器を使って、さらに精度の高い測定を試みようとしていた。荒勝はこうした基礎研究を進めるために、サイクロトロンを熱望していたのだと政池は語る。

「サイクロトロンはコッククロフト・ウォルトン型に比べて高いエネルギーまで粒子を加速できるため、原子核の構造を調べるにはずっと有用なので、荒勝としてはぜひコッククロフト・ウォルトン型の加速器の次にはサイクロトロンを作りたいと思ったわけです」

荒勝研究室の清水榮は、戦争中でも純粋な学問の大切さを説いていた荒勝の言葉をこう語っている。

> 年寄ったやつは軍のそういう研究、弾帯のこととか何とかをやってもいいけども、私たちは純粋な学問をしてろと、そういうのが先生の考えだった。（中略）純粋な学問がどれだけ行くかっていうことも民族としてのひとつの誇りになるわけでしょ。そういう考えを持ってたわけ。だから、若い者は、戦争中でこうだけども、ものがないけど、とにかく、（中略）純学問もしろと、そう言ってた。
>
> （読売新聞社『昭和史の天皇　原爆投下』取材資料）

結局、荒勝たちのサイクロトロンは完成を目前にして終戦を迎える。そして、荒勝の運命を大きく変えることになる一九四五年一一月二三日が訪れる。

四　映像に記録された〝破壊〟

一九四五年一一月二〇日早朝、アメリカ軍の将校たちが荒勝の元を突然訪れる。第六軍諜報部のスターバック大尉、ミッチェル司令官ほか数名の将校と、通訳のトーマス・スミスである。アメリカ本国からGHQに対し、日本にあるサイクロトロンを破壊せよとの命令が下されたのだ。先に述べた通り、アメリカ軍がこのときに撮影したフィルムが、米国立公文書館の映像アーカイブに残されている。

フィルムは、第六軍司令部で軍服を着た将校たちがジープに乗り込むシーンから始まる。やがてジープは京都帝国大学構内に乗り付け、ものものしい雰囲気で将校たちが構内に歩いて入っていく姿が映し出されている。この時点でアメリカ軍が、敵国の原爆開発の証拠を摘発する正義の記録として映像を撮影していた意図がうかがえる。

荒勝は出勤前でまだ自宅にいたが呼び出され、研究室で将校らと向き合う。フィルムには大柄の将校たちに囲まれて不安そうに対応する荒勝の姿とともに、建設中だったサイクロトロンも映し出されている。銀色に輝くその巨大な装置は、荒勝が若き日から追い求めてきた原子核物理学研究の夢をかなえてくれるはずのものだった。さらには、荒勝がさまざまな研究成果を出してきたコッククロフト・ウォルトン型加速器の姿もカメラは捉えている。破壊命令を知らない荒勝は、実験施設や研究ノートを求めに応じて公開している。映像の最初の部分ではときおり笑顔も混じる。

サイクロトロン破壊に向かうアメリカ陸軍第6軍の将校たち

このとき、荒勝の横に立って直接話をしているのが通訳のトーマス・スミスだ。スミスはコロラド州ボルダーの海軍日本語学校に一年間通い、日本語将校として第四海兵師団に配属。サイパン島や硫黄島の上陸作戦に参加し捕虜の尋問や暗号の解読などを行なった。そして終戦後、京都に駐留する陸軍第六軍に転属となった二八歳の若者だった。

スミスが戦後書き残した回想録“The Kyoto Cyclotron”には、このときの荒勝との対話の様子が記されている。

薄くなった白髪と体にそぐわないほど大きな頭を持つ小男で、書類鞄をさげ、黒い背広は、当時の日本人の衣服がおしなべてそうだったようにかなり古びていた。（中略）私はすぐさま、荒勝の率直で気さくな態度に打たれた。荒勝がサイクロトロンを自慢に思っており、見せびらかしたがっていることは明らかだった。（中略）荒勝の態度はまるで、根っからの農夫が都会から来た親戚に自分の農場を案内してまわっているかのようだった。

（"The Kyoto Cyclotron", *Historia Scientiarum*）

スミスの回想録からは、荒勝がサイクロトロンが破壊されるなどということを全く予期していなかったように思える。しかしやがて、スミスは来訪の真の目的を荒勝に告げる。

五　荒勝の落胆、スミスの苦悩

回想録は次のように続く。

サイクロトロン解体に取りかかりたくてうずうずしていた将校たちは、荒勝と私が話している間も苛々と室内を歩き回っていた。とうとうそのひとりが、荒勝に告知せよと私に命じた。自分たちはサイクロトロンを破壊せよとの命令を受けている。間もなく作業にかかると。

テーブルをはさんで荒勝と向かい合って腰を下ろすと、私は話した。荒勝は静かに耳を傾けていた。驚いた風は全くなかった。私が話し終わると荒勝は、サイクロトロンは核兵器製造にしか使わないと思っておられるようだがそうではない、ときっぱり言った。自分は長年サイクロトロン研究に従事してきたが、自分の研究に軍事的利用価値を見出したことはない。帝国軍からはそうするようせっつかれていたけれど。（同前）

荒勝の発言を受け、スミスはこのとき、サイクロトロンが軍事以外の研究に活用できることを初めて知るが、ワシントンDCの命令を受けて将校たちが解体のための工兵隊を伴って今まさに始めようというこの段階で、もはや命令の撤回はあり得ないだろうと考えたと後に回想している。荒勝もこのときの思いを日誌に書き記している。

研究設備の破壊撤収は必要無きにあらずや。これらは全く純学術研究施設にして原子爆弾製造には無関係のものなり。（通訳のスミスは）『余等もさように思えども連合国軍最高司令部よりの厳重命令ゆえにこれに従うより他に道なし』と述べたり。
（荒勝文策「サイクロトロン破壊時の日誌」、『荒勝文策と原子核物理学の黎明』より）

フィルムの後半、聞き取り調査が始まった当初の笑顔とは打って変わって、荒勝の表情には不安が広がり、引きつっているようにも見える。しかしスミスの答えを聞き、サイクロトロンの破壊はもはや免れることはできないと観念した荒勝は、せめて実験ノートだけは没収しないよう懇願する。スミスはこのときの荒勝の無念と怒りを印象的に振り返っている。

研究ノートを手元に残しておくことはできないと告げると、荒勝はこみあげる感情に声を詰まらせながら、接収は不当だと抗議した。（中略）サイクロトロンが破壊される以上、自分が新たな研究に乗り出す道はすでに断たれた。これで研究ノートまで接収されたら、自分と教え子が過去の研究成果を有意義な形で生かすことすら不可能となる。荒勝は口には出さなかったが内心では、五五歳の自分が物理学者としてのキャリアを立て直すことは二度とかなわないかもしれないと思っていたはずだ。

（"The Kyoto Cyclotron"）

荒勝が戦前からつけていた二五冊に及ぶ研究ノートはこのときすべて没収された。

そして研究室は武装したアメリカ軍兵士によって封鎖された。フィルムには銃を持った兵士がサイクロトロンの前に立ちふさがる映像が記録されている。やがて陸軍工兵中隊が現れ、サイクロトロンの解体作業を始める。カッターやハンマーで火花を散らしながら、サイクロトロンが破壊されていく生々しい様子が克明に映し出されている。最後に解体されたサイクロトロンにチェーンが装着され、引きずり倒されるシーンでフィルムは終わる。

解体されたサイクロトロンは、その後アメリカ軍の手によって琵琶湖あるいは大阪湾の底深くに沈められたとされている。荒勝の夢を凝縮した鉄の塊は、海の藻屑と消えたのである。サイクロトロンも実験ノートも何もかも失った荒勝は、原子核物理学者としての第一線から退くこととなる。

荒勝が建設中だったサイクロトロン

六　大学院生からマッカーサーへの抗議書簡

占領軍によるサイクロトロンの破壊は、日本の大学の研究者の間にも大きな衝撃を与えた。そのうちのひとり、ある大学院生が事件直後の一一月二九日にマッカーサー元帥に直接宛てた抗議の手紙がGHQによる英訳とともに米国立公文書館に保存されている。和紙に毛筆で丁寧に書かれたこの手紙を書いたのは京都帝国大学医学部微生物学科の大学院生、堀田進だ。手紙の冒頭で堀田はマッカーサーに尊敬と親愛の念を表明するとともに、日本国民が過去を反省して平和の未来を確立し世界の発展に貢献したいという決意を伝えている。そのうえで、サイクロトロンの破壊に抗議を伝え、破壊された施設の復旧を懇願している。

　私は心から御願い申上げます。日本国民を信頼して下さい、と。今や、あらゆる日本人は天皇陛下の御意志に従って、平和国民として新発足すべき固い決意を抱いております。就中、学問芸術を通じて人類の福祉に寄与したいといふことは、日本におけるすべての聡明な知識人の祈りですらあります。一度かかる決意を堅持した者には、戦争における勝敗の如きを超越して、真理探究の自由は当然与へらるべきものと信じます。即ち、人類の幸福のために原子エネルギーを善用すべく、着実かつ不撓（ふとう）の研究を遂行することは、戦勝、戦敗の別を問はず、すべての国民に課せられた尊い義務であると確信するのであります。殊に私は医学を専攻する学徒として、原子エネルギーの医学的活用に大きな夢を抱いております。

（堀田進のマッカーサー宛書簡、一九四五年一一月二九日付）

　堀田はどのような思いでこの手紙を書いたのか。政池は二〇〇九年、その真意を知りたいと堀田を訪ねている。堀田は「私は特に政治的意図をもって書いたわけではなく、荒勝先生の御子息から事の顚末（てんまつ）を聞いて、自分の気持ちを率直に述べただけである。私はキリスト教徒であるが、学問を志すものとしての純粋な気持からこの手紙を出した」と話したという。政池はこ

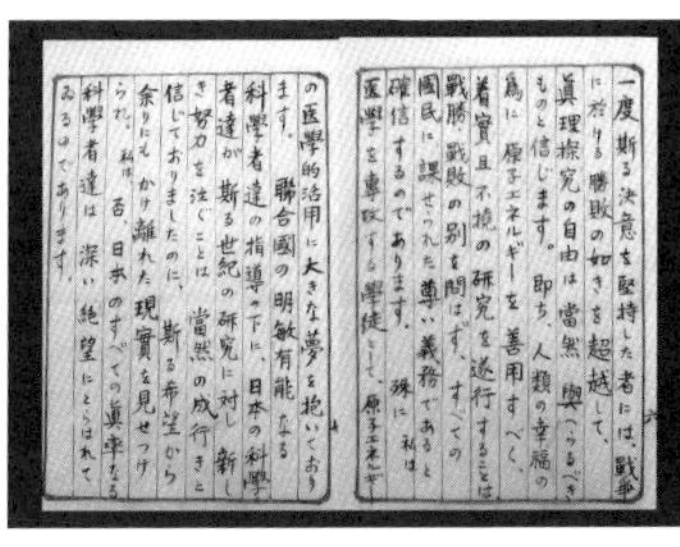

一度斯る決意を堅持した者には、戦爭に於ける勝敗の如きを超越して、眞理探究の自由は當然與へらるべきものと信じます。即ち、人類の幸福の爲に原子エネルギーを善用すべく、着實且不撓の研究を遂行することは戰勝・戰敗の別を問はず、すべての國民に課せられた尊い義務であると確信するのであります。殊に私は醫學を專攻する學徒として、原子エネルギーの醫學的活用に大きな夢を抱いております。聯合國の明敏有能なる科學者達の指導の下に、日本の科學者達が斯る世紀の研究に對し新しき努力を注ぐことは當然の成行きと信じておりましたのに、斯る希望から余りにもかけ離れた現實を見せつけられ、私は否、日本のすべての眞摯なる科學者達は深い絶望にとらはれてゐるのであります。

京都帝国大学大学院生の堀田進がマッカーサーに宛てた抗議書簡

のときの感想を著書『荒勝文策と原子核物理学の黎明』の中で次のように綴っている。

敗戦によって多くの日本人が絶望的な気持を抱いている中で、勝者である占領軍による研究装置の破壊という暴挙に対して堀田が若い科学者として率直にその非を指摘した勇気と正義感はこれを読む者に感銘を与えずにはおかない。

七　誤りを認めた米陸軍長官

サイクロトロンの破壊に対しては、日本のみならず米国や欧州など世界中の科学者から非難が高まっていった。当時の研究者の多くは、サイクロトロンが人類の未来に貢献するさまざまな可能性を秘めたものだと考えていたからだ。破壊されたのは京都帝国大学のサイクロトロンだけではなく、理化学研究所と大阪帝国大学にあったものも同じ運命をたどっていた。

一一月二四日にサイクロトロンの破壊が米国の新聞に大きく取り上げられると、まずオークリッジ研究所の科学者が抗議の記事を「ニューヨーク・タイムズ」紙に寄せ大きな反響を呼ぶ。この記事の中で科学者たちは、「サイクロトロンの破壊はナチスドイツによるルーヴァン図書館破壊にも匹敵する理不尽で愚かな行為で、人道に対する犯罪である」（一九四五年一一月二六日。『荒勝文策と原子核物理学の黎明』より）と激しい調子で非難した。またＭＩＴの科学者も同日、陸軍長官に対する非難声明を発表した。

こうした世論を受け、結局アメリカはサイクロトロンの破壊は誤りだったと公式に認めることとなった。一九四五年一二月一七日付の「星条旗新聞」は陸軍長官ロバート・パターソンが米国の占領軍による日本のサイクロトロン破壊は陸軍省の誤りだと認めたことを報じている。

サイクロトロンの破壊命令は、マンハッタン計画の中心人物であったグローブス少将のオフィスからパターソン陸軍長官経由で東京のマッカーサー連合国軍最高司令官に送られていた。グローブスの回顧録によれば、米陸軍は当初から戦争目的ではない設備に関してはこれを保全するという方針を確認していたが、誤った内容の電文が自分の目に触れないまま送られてしまったという。そして、サイクロトロン破壊後にパターソン陸軍長官と長時間協議した結果、長官名で次のような公式発表を行なうことを決めたとしている。

マッカーサー将軍は、私の名により彼にあてて送信された無線通信によって、日本のサイクロトロンを破壊せよとの指示をうけたのである。この通信は、私がその草稿を見ないうちに、また、当然行なうべき全面的な検討を行なうことなく、発信されてしまった。他の種々な事項のうち、とくに、本件決定にいたる前に、科学顧問たちの意見を求めるべきであった。
最初に起案した将校は、この措置が、日本の戦争能力を破壊するというわが国の確立された政策に一致するものと考えたのではあるが、最初に問題を十分に検討することなく、あのような通信を発したことは錯誤であった。陸軍省におけるこの軽率な措置を、私は遺憾に思うものである。（『私が原爆計画を指揮した　マンハッタン計画の内幕』）
荒勝が人生を賭けたサイクロトロンは、米陸軍内部の不手際によって、誤って破壊されてしまったのである。
米国はその後専門家を日本に派遣し、戦後の日本における原子核物理学を規制する方針を模索した。専門家の調査報告と提言を受けて、「戦争目的に用いられないよう監視しながら、原子核物理学分野の基礎研究とアカデミックな教育は許可すべき」との基本方針を決める。そして極東委員会に、原子核物理学の基礎研究と教育を許可すべきであると提案した、しかしこれは米国以外の連合国の強い反対に遭って取り下げざるを得なくなる。そして一九四七年一月、日本のすべての原子エネルギー研究禁止決議が採択される。原子核の実験研究が本格的に再開されるのは、一九五一年に日本がサンフランシスコ講和条約を締結し、ようやく独立を取り戻してからとなる。サイクロトロンの破壊と原子エネルギー研究禁止によって、荒勝たちが切り拓いてきた日本の原子核物理学の発展は大きな停滞を余儀なくされた。

八　スミスが残したメッセージ

サイクロトロンの破壊が影響を与えたのは、荒勝の人生だけではなかった。実はひとりのアメリカ人のその後の生涯を変える出来事となっていたのだ。その人物とはサイクロトロンの破壊の際に、アメリカ軍の通訳として荒勝と対話を続けたトーマス・スミスだ。

スミスは二〇〇四年に八七年の生涯を終えていた。カリフォルニア州で弁護士をしている息子のザカリー氏にサイクロトロン破壊時の映像を観てもらった。ザカリー氏もこの映像を観るのは初めてのことだという。

「これは私の父です」

ザカリー氏は父親と荒勝が映るフィルムを観ながら、感慨深げに語り出した。

「軍がサイクロトロンを破壊しノートを没収したことを父は本当に恥じていました。特にノートの没収については、父が上官にサイクロトロン破壊を思いとどまらせようとして言った『荒勝教授は私に研究ノートもすべて見せてくれ、原爆開発とは何も関係ないと説明してくれました』という発言が、上官にノートの存在を気づかせ、予定はしていなかった研究ノートの没収のきっかけを作ってしまったそうです。そのことを父は生涯後悔していました」

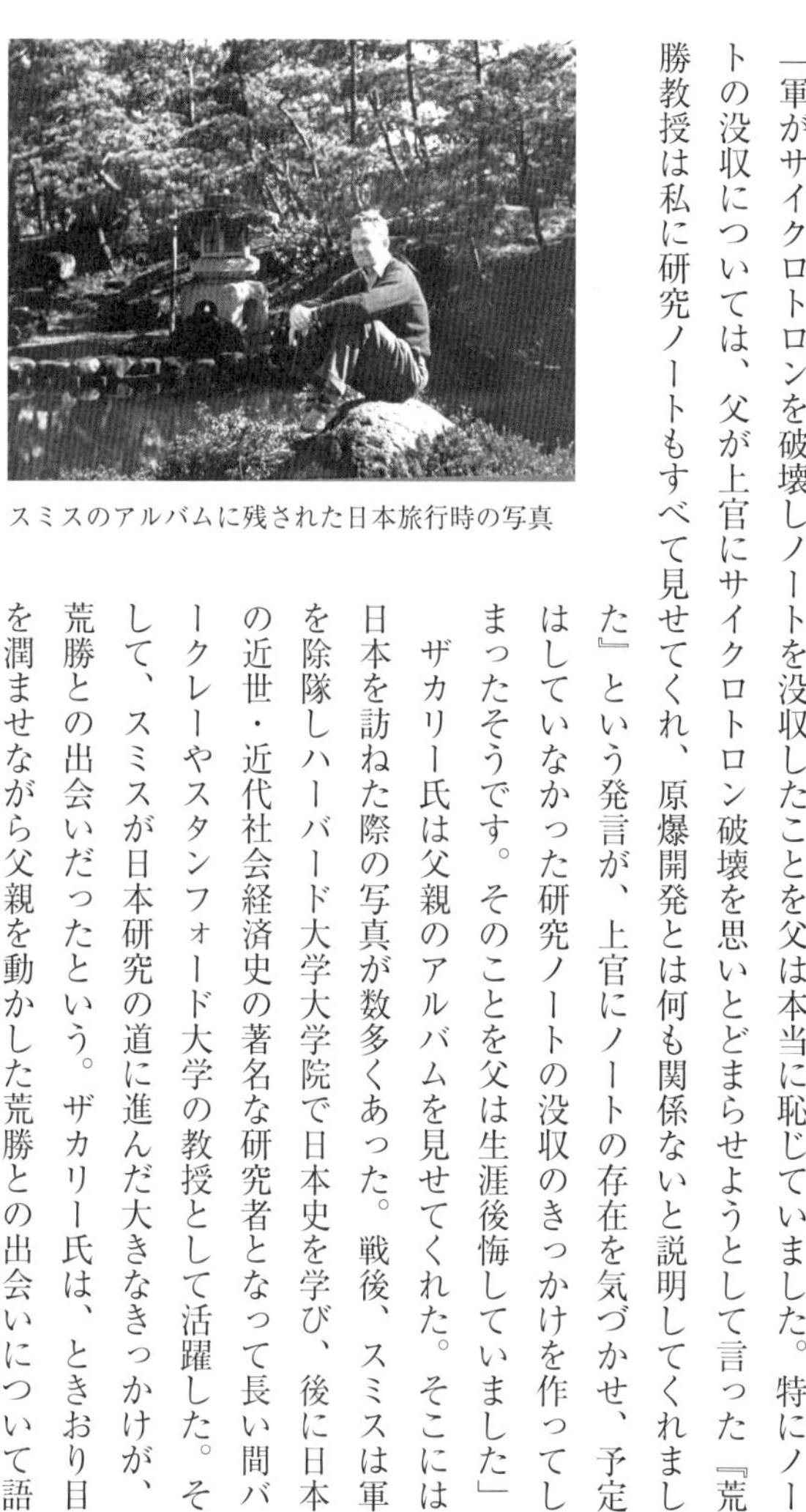
スミスのアルバムに残された日本旅行時の写真

ザカリー氏は父親のアルバムを見せてくれた。そこには日本を訪ねた際の写真が数多くあった。戦後、スミスは軍を除隊しハーバード大学大学院で日本史を学び、後に日本の近世・近代社会経済史の著名な研究者となって長い間バークレーやスタンフォード大学の教授として活躍した。そして、スミスが日本研究の道に進んだ大きなきっかけが、荒勝との出会いだったという。ザカリー氏は、ときおり目を潤ませながら父親を動かした荒勝との出会いについて語ってくれた。

「父は荒勝教授の原子核物理学への真摯な姿勢や、自分の研究成果や実験施設を誠実に公開してくれた姿に強い感銘を受けました。この出来事が父の人生を変え、学者の道へと歩ませる大きなきっかけとなったのです」

サイクロトロン破壊から四年後、スミスは日本を旅行中に京都に立ち寄り、荒勝の自宅を訪れている。そしてそのときの会話を回想録"The Kyoto Cyclotron"にこう綴っている。

何より知りたかったことを尋ねる時間はあった。年月が経過した今、当時あなたが受けた仕打ちをどう思っていますか、ということだ。荒勝はきっぱりとこう答えた。後輩の湯川がノーベル物理学賞を受賞した、それがすべてを埋め合わせてくれたと。私はそれが本当でありますようにと願いつつ、果たして本当だろうかと思いながら立ち去った。

第八章

戦後〝科学の原罪〟と向き合った核物理学者たち

海南友子

「ラッセル・アインシュタイン宣言」後にカナダで開かれたパグウォッシュ会議（1957年）
日本からは湯川秀樹、朝永振一郎、小川岩雄が参加した

戦後のサイクロトロン再建と世界の核開発競争

京都市の南禅寺の近くに蹴上(けあげ)という地下鉄の駅がある。名勝の庭園が残るこの辺り一帯は、平安時代には貴族の別荘地として使われていた場所だ。明治時代には日本でいち早く最新の水力発電を導入した場所でもある。水力発電所の用水を確保するために、一八八五年から五年をかけて琵琶湖から東山の下にトンネルを掘り全長一一キロの水路が築かれた。蹴上発電所関連の建物群は、レンガ造りのクラシックな第二期発電所をはじめ、南禅寺境内から続くインクラインや、琵琶湖疏水(そすい)の運河一帯に散りばめられており、レトロな雰囲気で人気の観光名所だ。伊藤博文など大物政治家らの揮毫(きごう)の石造りの扁額(へんがく)が、水門やトンネルなどに掲げられ明治の香りが漂っている。

そのクラシックな建物の一角に、終戦後、京都大学の核物理学の再生を象徴する場所があった。一九五二年、旧荒勝研究室に所属していた教授らの手によって、この蹴上発電所の建物のひとつを利用し、サイクロトロンの再建が始まった。米軍によって破壊されたサイクロトロンを再び甦(よみがえ)らせようと試みたのだ。残念ながら、このとき、すでに荒勝は京都大学にはいなかった。敗戦後、占領下で、連合国の決議により一九五〇年頃まで、原子核の研究は禁止されていた。サイクロトロンを破壊された後、荒勝は継続して米軍の調査と監視を受けた。研究ノートを奪われ、戦後は論文をまとめることもままならなかった荒勝は、一九五〇年三月に定年となり京都大学を退官。原子核関連の実験や研究を閉ざされたまま、物理学者としての人生は閉じられた。荒勝の無念は計り知れない。

荒勝が京都大学を退官した翌年の一九五一年にサンフランシスコ講和条約が締結。米国のサイクロトロン発明者のアーネスト・ローレンス博士が、日本の原子核の研究とサイクロトロンの再建に協力を申し出たこともあり、大阪大学、理化学研究所及び京都大学でのサイクロトロン再建計画が進められた。

蹴上発電所での京都大学のサイクロトロン再建を行なった中心人物は、戦前の荒勝研究室を引き継いだ木村毅一教授だ。台北帝国大学で日本最初の人工核変換を行ない、広島の原子爆弾の第三次調査の引率者として、枕崎台風に遭遇し、一命をとりとめたその人だ。木村は、戦前のものよりも直径の大きい一〇五センチのサイクロトロンの再建を希望しており、建設のために十分な場所があってなおかつ、サイクロトロンに必要な冷却水が確保できる場所を探していた。そこで琵琶湖疏水がある蹴上を強く希望し、建物群の所有者である京都市や、関西電力の協力を得て実現に至った。蹴上発電所で正式にサイクロトロンの再建が始まった一九五二年は、サンフランシスコ講和条約の発効によってＧＨＱの占領期間が終了した年でもあり、本格的な研究再開の気運が高まっていた。木村を中心に清水榮らの旧荒勝研究室の研究者たちが、約三年の歳月をかけて再建し、一九五五年一二月二四日、サイクロトロンがついに完成した。終戦の年の秋、荒勝研究室のサイクロトロンが、ＧＨＱの手によって破壊されてから一〇年の歳月が経っていた。

木村たちがサイクロトロンの再建を行なった旧蹴上発電所の建物は、二〇二一年現在、今もその姿をとどめている。サイクロトロン自体は一九八五年にその役目を終えたが、建物は今も美しい。一九一二年竣工（しゅんこう）の美しいレンガの建物で、入り口に掲げられた石造りの扁額には、「亮天功」の文字があった。揮毫者は旧皇族の久邇宮邦彦王（くにのみやくによしおう）。「亮天功」とは、中国の五帝のひとり、瞬帝の言葉で、「天功（てんこう）を亮（たす）く」。それぞれの職務に応じて天の仕事を助ける。民を治めその所を得さしめるという意味だ。今回の番組取材を通じて、核物理学の光と影を追いかける取材チームの一員である私は、この言葉を見たとき、原子核物理学と人類のありかたに疑問を投げかける言葉のように感じてしまった。それは、この場所で、サイクロトロンの再建が行なわれていた時期が、世界での核兵器の開発競争が激しくなっていった時期と符合しているからである。

一九四五年の第二次世界大戦終結後、アメリカ合衆国を中心とする資本主義陣営と、ソビエト社会主義共和国連邦（現在のロシア。以下、ソ連）を中心とする社会主義陣営の対立は、米ソの直接的な武力衝突はないものの周辺国で緊張や紛争状態を引き起こす〝冷戦〟を生み出した。核兵器の開発は、そのふたつの陣営の対立を加速する事態となっていた。

アメリカの核兵器保有に対抗してソ連も核兵器開発を急ぎ、一九四九年八月二九日、ソ連のセミパラチンスク核実験場で核実験に成功し原爆を保有。続いて、英国が一九五二年一〇月三日、フランスが一九六〇年二月一三日、中国が一九六四年一〇月一六日に原爆実験に成功。核兵器は世界へ拡散していった。

一九四九年に共産主義国家である中華人民共和国が建国、翌一九五〇年に開戦した朝鮮戦争は、冷戦下で両陣営の対立の最前線となり、核兵器開発競争も激化してゆく。第二次世界大戦の終結からわずか数年で、世界は新しい戦争の時代に突入していた。

1939年から1960年代までの主な核開発と核実験
（広島平和記念資料館のウェブサイトをもとに作成）

アメリカ	1939年	8月2日	アインシュタイン書簡
		10月21日	第2次世界大戦に突入したドイツに原爆開発で先んじられることを恐れ、ウラニウム諮問委員会発足
	1942年	8月13日	軍部主導によりマンハッタン計画発足
	1944年	9月18日	ハイドパーク協定
	1945年	7月16日	ニューメキシコ州トリニティサイトで原爆実験に成功
		8月6日	広島に原子爆弾投下
		8月9日	長崎に原子爆弾投下
	1952年	11月	マーシャル諸島エニウェトク環礁で水爆実験に成功 その後、継続的に実験が繰り返される
ソ連	1949年	8月29日	セミパラチンスク核実験場で原爆実験に成功し、アメリカの原爆独占を終結させる
	1953年	8月12日	水爆実験に成功
イギリス	1940年		原爆生産の可能性を検討する科学者委員会が設置される
	1943年		アメリカのマンハッタン計画に参加
	1946年		原子力研究所を設立し、独自の原爆開発計画を推進
	1952年	10月3日	オーストラリアのモンテベロ諸島で原爆実験に成功
	1957年	5月15日	クリスマス島で水爆実験に成功
フランス	1957年		ソ連の核ミサイル誕生により、自国の安全保障のため、ド・ゴール大統領の下、核開発に着手
	1960年	2月13日	サハラ砂漠で原爆実験に成功
	1968年	8月24日	水爆実験に成功
中国	1958年		ソ連の協力により原子炉を運転開始
	1959年		中ソ協定破棄後、独力で核開発に着手
	1964年	10月16日	中国西部地区で原爆実験成功

二　清水榮、第五福竜丸と水爆実験解明への執念

荒勝研究室の中心人物として活躍した清水榮は、戦後、京都大学に残り教授となり、木村毅一と共に蹴上のサイクロトロンの再建に尽力していた。その最中に世界を揺るがす事件が起きた。一九五四年三月一日、太平洋マーシャル諸島のビキニ環礁でアメリカが行なった水爆〝ブラボー〟の実験だ。その威力は広島の原爆の一〇〇〇倍。この水爆実験は、島民と海上に居合わせた日本漁船の乗組員たちに、死の灰による被爆を引き起こした。静岡県焼津（やいづ）市のマグロ漁船「第五福竜丸」の乗組員二三名が被爆。第五福竜丸は三月一四日焼津港に帰り、重傷のふたりは東大病院で治療を受けたが、無線長の久保山愛吉さんは九月二三日に亡くなった。

ビキニ環礁は、米国の信託統治領だった南太平洋のマーシャル諸島にあり、ソ連との核開発競争を背景に、一九四六～一九五八年に計六七回にわたって米国が核実験場として利用した場所だ。

二〇二一年現在の私たちにとっては、ビキニ環礁での核実験の内容や、第五福竜丸の被害は、すでに解明された事実だが、一九四五年八月六日の広島の新型爆弾の正体がわからなかったのと同様に、一九五四年三月の時点では米国政府はビキニ環礁での核実験や、それにより引き起

こされた健康被害についての公式発表は一切行なっていなかった。それは、冷戦初期の時代の中にあって、米国がなりふり構わず科学の力を兵器の開発につぎ込んでいる真っ最中だったからだ。

清水榮は事件の発生直後に、神戸市の依頼で神戸の魚市場へ出向いている。それはマグロが被爆し汚染されているのではないかという懸念からだった。その調査の途中、京都大学化学研究所の堀尾正雄所長らにすぐに京都に戻るようにと呼び出され、いますぐ、静岡県の焼津まで行き、第五福竜丸の調査をするように働きかけられた。乗組員の健康状態がおかしいことが報告され、原爆病ではないかとの疑いが広がっていたからである。

清水榮が、第五福竜丸の報道と接した後にとった行動は、八月六日の広島原爆投下を知った直後の荒勝の行動と共通するものだった。第五福竜丸が静岡県の焼津港に戻ってきたのが三月一四日。清水は大学所有のボックスホールという英国式自動車に若い研究者を引き連れ、自身を含めて総勢六名で、すぐに焼津に向かった。すでに東京大学などからも調査チームが入っていたが、官僚的な東京のやり方に対して、乗組員の家族や、焼津の地元の市会議員などから反発を招いていた。そのときのことを、清水は一九九六年の雑誌『現代思想』の対談の中でこう述べている。

焼津の市会議員やなんかが第五福龍丸の地図とかマグロとかを全部提供してくれた。（中略）京都の方が東京より広島に近いから、（中略）焼津の原子病だったら京都の人のほうがよく知っているかもしれないなんていってました。

ビキニ環礁で被爆した第五福竜丸

清水は短時間でできる限り多くの試料サンプルを持ち帰った。調査チームの中には、当時まだ学生だが、のちに大阪大学の教授になる赤木弘昭や、京都大学の原子炉実験所所長になる岡本朴（すなお）などが含まれていた。若い研究者を多く入れたチーム編成で、マグロなどの生物試料や、第五福竜丸の船に残っていた微量の灰を採取し試料サンプルとするなど、研究対象試料を多く持ち帰り京都大学で分析を始めた。それはまるで荒勝と共に、広島原爆投下直後に、若い研究者たちが夜行列車で京都と広島を往復しながら、新型爆弾の正体をつきとめた日々によく似ていた。

清水は、京都大学の他学部の研究者たちとも共同しながら徹底的に調査を行なった。前述の赤木は放射線医学、岡本はアイソトープの研究、また分析化学の重松恒信教授や、工学部の岡田辰三教授、電子顕微鏡の水渡英二教授らの門下生の若い研究者がこれに参加した。特に赤木は、灰の細かい分類に徹底して取り組んだ。東京大学が調査の途中で報告をときおり行なったのとは異なり、清水は確定的な判断がつくまで情報管理を徹底し、三月の事故発生時から一〇月まで実験室に籠り切りで、研究者たちが手分けしてデータを解析した。清水は後年、同窓生の逝去後に寄せた追悼寄稿文「柳父琢治君をめぐっての思ひ出」の中で「当時（海南注：京都大学）附属病院構内にあった木造の放射性同位元素総合研究室に出掛けて、（中略）十人程の若手が協力して、連日連夜その年の十月末まで徹底的にビキニ灰について広範な研究を続けた」と記している。このころは、ちょうど蹴上のサイクロトロンの再建も佳境の時期で、清水は自転車で京都大学の病院構内と蹴上のサイクロトロン実験室を時々往復しながら目の回るような数ヶ月を過ごしていた。最終的に、第五福竜丸が受けた閃光が、水爆実験によるものだと清水たちが確信を持ったのは、第五福竜丸が持ち帰った灰〇・八グラムの試料を分析した結果、ウラン237が多量に含まれていることがわかったからであった。ウラン237は重水素とリチウムが核融合して発生する高速の中性子がウラン238と反応してできるものなので、ビキニ環礁の爆発は核融合反応による水爆であるとの結論に辿り着くことになった。

清水榮は晩年、一九九七年一〇月二〇日の「京都新聞」のインタビューで次のように述べている。

あれは応用問題を解いたようなもので、学問としてはどういうことはないんだが、京大の科学者としては広島いらいの関係（海南注：荒勝研究室の調査のこと）もあるし、やらなくてはならないと思った。

三　清水リポートから——科学者の平和宣言「ラッセル・アインシュタイン宣言」

一九五四年一一月一五日、東京上野の学術会議事務局で、日本と米国の科学者が集う会議が開かれた。京都大学から参加した清水榮は、「原子核爆発による放射性灰塵（かいじん）」（The Radioactive Dust from the Nuclear Detonation）と題する報告を行なった。これはビキニ環礁の水爆実験による降灰に関する論文一四編を清水が編集して英文一三〇ページの報告書（通称・清水リポート）としてまとめられ、京都大学化学研究所紀要 *Bulletin of the Institute for Chemical Research, Kyoto University* に発表された。清水は、米国側からこの会議に参加していた原子力委員会の生物課長であるポール・B・ピアソン博士にもこの論文を示し意見を求めた。会議自体は、非公開でその場でこのリポートについて話し合われたか、詳細な記録は公開されていない。当時米国は、ビキニ環礁での核実験の内容を一切、発表していなかったが、米国人科学者の目には、清水らの分析で水爆実験の可能性が示されたことがどのように映ったのだろうか？　清水自身が一九五五年三月一八日の「京都新聞」の紙面で語った感想では、ピアソン博士は「ギクリとしていた」と書かれている。

会議の後、清水たちは、研究結果のリポートを海外の大学や学会、科学者などに郵送している。現在のようにインターネットを使って一瞬で海外の情報がわかる時代とは異なり、当時は郵送で、あるいは、欧州や米国で研究する日本人科学者の手や口コミを通じて「清水リポート」は広まっていった。米国が極秘にしていた核爆発が超水素爆弾であることをつきとめたこの論文が発表されると、アメリカ大使館から京都大学総長にすぐに二〇〇部送付してほしいという要請がきた。米国の核実験についての論文ではあるが、ジョン・ハーレイをはじめとした米国の科学者たちの協力もあって完成している。清水リポートの科学的な分析について、米国をはじめ欧州各国からも大きな反響が巻き起こり、清水の元にはさまざまな国から手紙で、清水リポートを送ってほしいという要請がきた。水爆の威力のすさまじさを明らかにしたこのリポートは、キュリー夫人の娘婿だったラジウム研究所のフレデリック・ジョリオ博士や、その弟子であった湯浅年子博士、米国の原爆製造計画・マンハッタン計画に一度はたずさわりながらも離脱し、半生を核廃絶に捧げた物理学者のジョセフ・ロートブラット博士など、多くの研究者の手に渡った。

一九五四年一二月二三日、ＢＢＣのラジオで、イギリスの高名な哲学者でノーベル文学賞の受賞者でもあったバートランド・ラッセル卿によるクリスマス放送が行なわれた。この放送の中で、ラッセル卿は、ビキニ環礁の水爆に触れて、これらは人類の破滅の危機であると語りかけている。

一般民衆や、権力の座にある多くの人でさえも、水爆戦争に捲込まれたらどうなるかということを悟っていない。一般民衆はまだ都市の抹殺という点から事態を考えているが、新爆弾は古いものよりもずっと強力であって、一発の原子爆弾は広島を抹殺できたのに、いまや一発の水素爆弾はロンドンやニューヨークやモスクワのような大都市を抹殺できるものと理解されている。水爆戦争では大都市は抹殺されるに違いないが、これとても直面すべき比較的軽少な惨害の一つである。ロンドン、ニューヨーク、モスクワの人たちがすべて根絶されても、世界は数世紀の中にその打撃から回復するだろう。しかしながら、とくにビキニ実験以来、水素爆弾は想像されていたよりもずっと広い地域にわたって、徐々に破壊を拡げることができるということが知られた。いまや、広島を破壊した爆弾の二万五千倍も強力な爆弾を製造することができると信頼すべき専門家は語っている。このような爆弾は、地上近くあるいは水中で爆発すると、放射能をもった粒子を上空に送り、それは次第に降下して、死の灰や雨の形で地表に到達する。アメリカの専門家が危険地帯と信じていた区域外にいたにもかかわらず、日本人漁夫と彼らの捕えた魚を汚染したのはこの死の灰であった。このような死の放射能微粒子がどこまで拡がるかはだれも知らないが、水爆戦争は人類に終止符を打つことが全くありうべきことと、最高の権威筋は一致してのべている。多量の水素爆弾が使われると、世界中が死——幸運な少数者に対してはただちに、大多数の人たちには病気はなしくずしの苦痛と崩解として起る——にいたるのではないかと懸念されている。

（中村秀吉訳『バートランド・ラッセル著作集1』）

ラッセル卿は、ロートブラット博士を通じて清水リポートの内容を把握したと、清水は後年、直接ロートブラットから聞いている。ビキニ環礁で恐ろしい実験が起きたその年の瀬、ラッセルが、キリスト教徒にとってもっとも大切なクリスマスの日に語りかけたこの放送は非常に大きな反響となった。清水リポートが与えた衝撃は、知識人たちの間に大きな波紋を広げ、やがて科学者の良心ともいえる「ラッセル・アインシュタイン宣言」につながった。

「ラッセル・アインシュタイン宣言」とは、ラッセル卿と、二〇世紀を代表する科学者アインシュタインの名前を冠した宣言で、翌一九五五年七月九日に発表された。死の床で息をひきとる直前のアインシュタインと、ラッセルが交わした手紙の中で草案が作成され、アインシュタインがサインをして完成した。宣言の一部は前年のBBCのクリスマス放送の内容を拡充したもので、科学者がこの未曾有の危機に際して、何ができるか、何をすべきかを丁寧に問いかける内容になっている。それは、それまで研究室の中での活動を中心にしてきた科学者たちに、核兵器廃絶や戦争のない社会の実現に向けて働きかけるという大きな選択をさせることになる。

ラッセル・アインシュタイン宣言　一九五五年七月九日

人類に立ちはだかる悲劇的な状況を前に、私たちは、大量破壊兵器の開発の結果として生じている様々な危険を評価し、末尾に付記した草案の精神に則って決議案を討議するために、科学者が会議に集うべきだと感じています。

私たちは今この機会に、特定の国や大陸、信条の一員としてではなく、存続が危ぶまれている人類、ヒトという種の一員として語っています。世界は紛争に満ちています。そして、小規模の紛争すべてに暗い影を落としているのが、共産主義と反共産主義との巨大な闘いです。

（中略）

非常に信頼できる確かな筋は、今では広島を破壊した爆弾の二五〇〇倍も強力な爆弾を製造できると述べています。

そのような爆弾が地上近く、あるいは水中で爆発すれば、放射能を帯びた粒子が上空へ吹き上げられます。これらの粒子は死の灰や雨といった形でしだいに落下し、地表に達します。日本の漁船員と彼らの魚獲物を汚染したのは、この灰でした。

死を招くそのような放射能を帯びた粒子がどれくらい広範に拡散するかは誰にもわかりません。しかし、最も権威ある人々は、水爆を使った戦争は人類を絶滅させてしまう可能性があるという点で一致しています。もし多数の水爆が使用されれば、全世界的な死が訪れるでしょう――瞬間的に死を迎えるのは少数に過ぎず、大多数の人々は、病いと肉体の崩壊という緩慢な拷問を経て、苦しみながら死んでいくことになります。

（中略）

私たちの前途には――もし私たちが選べば――幸福や知識、知恵のたえまない進歩が広がっています。私たちはその代わりに、自分たちの争いを忘れられないからといって、死を選ぶのでしょうか？　私たちは人類の一員として、同じ人類に対して訴えます。あなたが人間であること、それだけを心に留めて、他のことは忘れてください。それができれば、新たな楽園へと向かう道が開かれます。もしそれができなければ、あなたがたの前途にあるのは、全世界的な死の危険です。

決議

私たちはこの会議（のちのパグウォッシュ会議）に、そしてこの会議を通じて、世界の科学者、および一般の人々に対して、以下の決議に賛同するよう呼びかけます。

「私たちは、将来起こり得るいかなる世界戦争においても核兵器は必ず使用されるであろうという事実、そして、そのような兵器が人類の存続を脅かしているという事実に鑑み、世界の諸政府に対し、世界戦争によっては自分たちの目的を遂げることはできないと認識し、それを公に認めることを強く要請する。また、それゆえに私たちは、世界の諸政府に対し、彼らの間のあらゆる紛争問題の解決のために平和的な手段を見いだすことを強く要請する。」

署名者
マックス・ボルン教授（ノーベル物理学賞）
パーシー・W・ブリッジマン教授（ノーベル物理学賞）
アルバート・アインシュタイン教授（ノーベル物理学賞）
レオポルド・インフェルト教授
フレデリック・ジョリオ・キュリー教授（ノーベル化学賞）
ハーマン・J・マラー教授（ノーベル生理学・医学賞）
ライナス・ポーリング教授（ノーベル化学賞）
セシル・F・パウエル教授（ノーベル物理学賞）
ジョセフ・ロートブラット教授
バートランド・ラッセル卿（ノーベル文学賞）

湯川秀樹教授（ノーベル物理学賞）

（日本パグウォッシュ会議のウェブサイトより）

「ラッセル・アインシュタイン宣言」はのちに発展し、核兵器廃絶をはじめとする科学と社会の諸問題と取り組む世界の科学者が集うパグウォッシュ会議に形を変え、現在まで続いている。組織名は、一九五七年七月に開かれた最初の会議の地名、カナダのパグウォッシュ村から付けられている。初回の会議には、日本からは京都大学の湯川秀樹教授、東京教育大学の朝永振一郎教授、立教大学の小川岩雄教授が出席している。

一九五六年に初めて米国に行った清水は、各地の大学や研究所の研究者たちから、「君のところの報告が来て、自分たちもアメリカが水爆を作ったことがわかった」と聞かされている。その中に、ＮＢＳ（米国標準局、現在の米国標準技術研究所）のウイリアム・コッチ博士なども含まれており、清水リポートが当時の科学界に与えた影響の大きさがわかる。

清水榮の息子の勝氏は、父の榮氏から晩年になっても、〈学問するなら師を選べ〉と荒勝から言われたと、たびたび口にしていたという。

「父の報告書である通称・清水リポートは、のちに父が良心の科学者と呼ばれるきっかけにもなりました。父は最後まで荒勝先生を尊敬していました。ことあるごとに荒勝先生はこう言われていたとか、師弟の絆（きずな）は驚くほど深い。戦前に荒勝研究室で学んだこと、そして、広島原爆の分析を行なったことの延長線上にあると考えています。形を変えてビキニ環礁での調査分析につながった。実際に残留物の分析をして初めて水素爆弾だということがわかったということで、何が起きていたかという、やっぱりそれも実証主義的な気持ちがあったと思うんです。荒勝先生の教えのもと、ずっと研究を進めていたということだと思います」

清水家の居間に、現在も飾られている荒勝の大きな写真。ある意味、荒勝の信念をひきつぐ形で、水爆実験という恐ろしい所業を執念深く解明し、それが科学者たちを平和へと突き動かしたといえるのだろう。

四　湯川秀樹博士の平和運動

ラッセル・アインシュタイン宣言を発した呼びかけ人は、アインシュタインをはじめノーベル物理学賞などを受賞した一一名の著名な学者だ。その中に、日本からは湯川秀樹博士が名を連ねている。荒勝と共に海軍のF研究に参加していた湯川は、戦後、科学と平和について真剣に考えるようになっていた。当時、湯川は戦前に発表した中間子の理論が評価され、一九四九年にノーベル物理学賞を受賞。一躍時の人となっていた。
第五福竜丸の被爆が起きたのはノーベル賞受賞の五年後。湯川にとっても衝撃的な出来事だった。清水は後年、「朝日新聞」（一九九五年七月一一日）のインタビューで「ビキニの調査論文を発表した時、隣の研究室にいた湯川秀樹博士が飛んできて、核兵器の問題について一緒に話した」と語っている。このビキニ環礁の水爆実験が、湯川に核兵器廃絶のための行動を起こさせるきっかけとなったと推察される。

京都大学のキャンパスにある湯川記念館史料室。湯川秀樹の胸像が建つ一角にその史料室はある。先にも触れた通り、生前、湯川が使っていた研究室がそのまま保存されており、天井まで届く高い本棚には国内外の研究書籍が積み上げられていた。二〇二〇年六月末。新田ディレクターと私はカメラクルーと共に、湯川の弟子で湯川研究の第一人者でもある小沼通二先生の案内で中に入った。コロナ禍でキャンパスの使用が制限されている中でありながら、小沼先生の協力のもと撮影できることになった。研究室に続く廊下の壁面には、湯川の研究実績に関連した写真パネルや、展示ケースが置かれている。目覚ましい功績の展示の中で、ひときわ特別な輝きを放っているのがアインシュタインと歩く湯川博士の写真である。テレビなどで資料映

アインシュタインと歩く湯川

像として使われることもあるこの画像は、ふたりの間に交流があったことを表し、アインシュタインの死の直後に発せられたラッセル・アインシュタイン宣言に湯川が賛同したひとつの証（あかし）でもある。湯川研究の第一人者である小沼先生は、湯川の戦前の理論物理学の研究、F研究への関わり、そして戦後、特にビキニ環礁の水爆実験が湯川博士に与えたであろう心情を、取材に答えてこのように分析している。

「そのとき、湯川が思ったのは、自分は今まで書斎に座ってものを書いて警告も発したし、機会があれば講演もしたけれど、そんなことを呑気（のんき）にやっている時代ではない。本気になって、なんとかこの危険な状況を解決したいってことで、湯川さんは思索の人から行動の人に変わったと思う。ラッセル・アインシュタイン宣言の署名者で、世界の科学者が集まって、この危険性からどうやって抜け出すべきか考えるべきだ、世界中の政府にそれを警告すべきだ、世界中の市民に言うべきだと」

アインシュタインと共に写る湯川の写真を見ながら私は、ふたりにはもしかしたら戦争に関して共通する思いがあったのではないかと感じた。アインシュタインは第二次世界大戦中の一九三九年、アメリカのルーズヴェルト大統領宛に、ドイツに勝つために原爆開発が必要だと促す書簡を送った。そして、そのことを晩年、後悔していた。そして湯川も海軍のF研究に参加していた。湯川の場合には、原爆開発とは程遠い初期段階ではあったけれど、純粋に学問を志してきたふたりが、科学を通じて戦争や殺戮に加担させられる瞬間を体験していた。

それは、この番組で私たちが追いかけてきた「科学の原罪」というテーマそのものであると感じた。仄暗い廊下の奥にある湯川研究室。廊下に掲げられたさまざまな湯川の写真。京都大学のこのキャンパスを湯川は何度も行き来しただろう。荒勝のサイクロトロンが破壊された日も、ラッセル・アインシュタイン宣言に署名した日も。アインシュタインの気持ちも、湯川の気持ちも今となっては知るすべもないが、ビキニ環礁の水爆実験という大きな事件が、第一線の科学者たちを突き動かしたことだけは事実だ。

実は、湯川たちのメッセージと行動は、科学者だけでなく、一般の人々の気持ちにも影響を与えた。第五福竜丸の事件は、日本の反核運動のきっかけとして知られているが、各地で多くのデモなどが起こり、原爆や水爆に反対する大衆運動が日本中で巻き起こった。

私たちの取材に、東京工業大学の山崎正勝名誉教授は、「第一回の広島での原水爆禁止世界大会（一九五五年八月）には、首相もメッセージを送るということまで起こるんですね。日本の人口の三分の一以上が署名をしたと言われる大事件なのです。そういう運動の中に、戦時研究に関わった科学者たちが積極的に参加した。やはり発言して行動するということが戦後の科学者の行動形態として、責任の取り方として重要ではないか」と語った。

ラッセル・アインシュタイン宣言を実践するために開催された一九五七年の第一回パグウォッシュ会議に参加した湯川。その後も継続してパグウォッシュ会議に参加し、核廃絶について積極的に発言を続けていた。湯川やアインシュタインが問いかけた、科学と戦争という根源的な問いは、今も続いている。

終戦の年に湯川が書いた「原子雲」と題された短歌には、「今よりは世界ひとつにとことはに平和を守るほかに道なし」（『湯川秀樹著作集7』より）と記されている。

五　信念と努力の人、荒勝が遺したもの

一九五〇年に京都大学を退官した荒勝は、兵庫県の甲南大学の初代学長に就任し、大学経営

に挑戦する。物理の世界で研究に邁進してきた荒勝にとって、学校経営という分野は予想以上に困難だった。

そうした日々の中で、晩年、荒勝が取り組んでいたのが、書道。もっとも好んで書いた言葉は「行得一」。

行なうことで初めてひとつを得る。荒勝の思いが込められた言葉だ。

台湾時代に親しんだ蘭の栽培にも熱中するようになり、ひとり黙々と花の世話をする日々。戦争中のことを語ることはほとんどなかった荒勝。一九七三年、八三歳でその生涯を閉じる。戦争に翻弄されながらも、原子核物理学の研究にすべてを捧げた生涯だった。

荒勝の存在を改めて、その著書と論文を通じて世に知らしめた政池氏は、このような言葉を残している。

「科学が人類に幸福をもたらすよう努力することは重要です。でも、基礎科学者が、科学の研究は人類に恩恵をもたらす『善行』である、人間の幸福のために科学をやっているんだと言っているだけでは問題は解決しません。基礎科学をやっている人も、その自分の研究が悪用されないために、全精力を費やして問題解決に当たっていくべきだと思います」

荒勝の揮毫。「行得一」（荒勝家蔵）

晩年、荒勝のそばで家族として世話をした荒勝五十鈴さんは、取材の中でこんな言葉をつぶやいていた。「義父は、研究者の名前は消えていい。成果だけが残ればいいと言っていました。本当に立派な父でした」。

戦後に荒勝の意思を継いだ木村や清水たちの手で蹴上発電所に再建されたサイクロトロンは、一九八五年にその役目を終えた。その功績が称えられ、再建されたサイクロトロンの電磁石の一部が、京都大学化学研究所のキャンパスの中に今も展示されている。脇に建つ石碑に刻まれている言葉は、「原子核科学の魁（さきがけ）」。荒勝と若者たちの高い志が生み出した機械は、時を経て、科学の礎となり、若い研究者たちを静かに見守り続けている。

第九章

「F研究」が現代に問いかけるもの

新田義貴

一　荒勝の遺志を受け継ぐ者たち

茨城県東海村。ここに、荒勝たちの研究の成果を受け継ぐ最先端の研究施設がある。大強度陽子加速器施設（J－PARC）、通称ジェイパークである。政池名誉教授の教え子で京都大学大学院理学研究科の成木恵准教授は、二〇二一年現在、ここジェイパークで研究にたずさわっている。そして授業のために毎週のように京都と東海村を往復する生活を続けている。

二〇二〇年六月中旬、私は成木を訪ねてジェイパークへ向かった。東海村は元々日本の原子力関連施設が集積する地だ。現在も日本原子力発電東海発電所、東海第二発電所が建ち並び、J－PARCも日本原子力開発機構原子力科学研究所の敷地にある。ゲートで成木の出迎えを受け、車で研究施設へ向かう途中、日本で初めての原子炉「JRR－1」の前を通った。この原子炉には少なからぬ思い入れがある。私が監督を務めた映画「アトムとピース」の撮影時、「日本の原子力の父」と呼ばれた故・伊原義徳氏が自宅で見せてくれたアルバムの中に、JRR－1が一九五七年に初めて臨界に達したときに、本人が笑顔で原子炉の前に立っているモノクロ写真があったことを鮮烈に憶（おぼ）えていたからだ。後に福島原発事故を招くことになる日本の原子力産業の出発点となり、原子の火が日本で初めて灯った地、それがここ東海村なのである。

成木たちＪ－ＰＡＲＣの研究者はここで大型の加速器を使ってさまざまな研究を行なっている。それは宇宙や物質、生命の起源に迫る壮大な実験である。

全長1.6キロの最先端の加速器シンクロトロン（J-PARC）

それを支えているのが、リニアック、ＲＣＳ、ＭＲと呼ばれる三つの加速器である。そのひとつ、全長一・六キロに及ぶ巨大な加速器、ＭＲを案内してもらった。敷地内の地下をめぐるトンネルに、黄色や青、緑にペイントされた加速器がゆるいカーブを描きながら延々と続いている。最先端の加速器で、シンクロトロンとも呼ばれる。かつて荒勝が夢見ていたサイクロトロンがはるかに進化した装置だ。このシンクロトロンではほぼ光速まで粒子を加速させることができ、世界屈指の大強度の陽子ビームから、中性子やミュオン、ニュートリノ、Ｋ中間子などの多彩な二次粒子ビームを作り出し、多種多様な実験を行なうことができる。成木がシンクロトロンの意義を解説してくれた。

「やっぱり歴史を振り返ると、物質の起源を知りたいと思ったときに、どんどん顕微鏡のズームを上げるような細かい構造まで調べていって、一番基本的なところまで行き着くためには、加速器のエネルギーを上げるということがまず前提になってきたと思うんですね。サイクロトロンの次のエネルギーのステージに行くときに、この非常に大きな規模のシンクロトロンという加速器が現在の最先端として登場することになったんじゃないかと思います」

成木に「荒勝さんがこの加速器を見たらなんと言うでしょうか?」と向けてみると、笑顔を見せながらこう答えた。

「そうですね。たぶん自分もここで新しい実験をやりたいというふうにおっしゃるんじゃないかと思います」

宇宙はおよそ一三八億年前に誕生した。その直後に超高温、超高密度の火の玉「ビッグバン」が起こり、現在素粒子とされるクォークやレプトンなどさまざまな粒子が生まれたとされる。そしてビッグバンの一万分の一秒後に陽子と中性子が形成され、三分後には陽子や中性子が集まって原子核を作り、三八万年後に原子核の周りを電子が取り囲んで原子が形成された。原子が連なって分子ができ、一〇億年後に星が、九三億年後に地球が作られた。その地球の上で植物や動物、我々人類の生命が育まれてきた。成木はこの加速器を使って宇宙初期の状態を人工的に作り出し、原子核の中にあるさらに小さな素粒子の観測を行なっている。この研究が進めば、物質がどのように生まれたのか、そしていつか宇宙の誕生の謎に迫れるとすら考えている。

「宇宙初期のようなひじょうに特殊な環境を、加速器を使って作ることで、どうやって今日あるような物質の質量が生まれたのかということを実験的に確かめたいと思っています」

実験を支えるのは、成木の教え子たちだ。学生たちは目を輝かせながらここでの研究生活について語ってくれた。

「ここでしかできないひじょうに貴重な経験がたくさんあると思うので、関わる仕事の内容も幅広いので、いろんなことを学ぶことができていい勉強になっていると思います」（京都大学大学院生）

「自分もサイエンスに貢献しているという実感が持てるというところと、今までのサイエンスもこういうふうに一人ひとりの努力の積み重ねといったところでできてきてるんだなというところを身をもって実感できてひじょうにいい経験になってると思います」（東京大学大学院生）

最後にJ－PARCセンター長（現高エネルギー加速器研究機構素粒子・原子核研究所長兼東大教授）の齊藤直人に話を聞いた。齊藤もまた政池の教え子である。成木から見れば先輩であり兄弟子にあたる。齊藤に、荒勝についてどのように考えているか尋ねた。齊藤は荒勝が原子核物理学の黎明期に加速器を自身で開発し、それを使ってさまざまな業績を残したこと、そして、進駐軍に研究ノートを取り上げられる際も最後まで抵抗し、基礎研究を必死で守ろうとした姿勢を、「荒勝イズム」と称してこう続けた。

「荒勝先生の業績があったからこそ、我々が今こうして多くの若い研究者も携えてそれぞれの自由意志に基づいて、自由な発想に基づいて研究を展開できるという基盤が生まれたというふうに考えていますので。そういう意味でも人間が自由な発想で新しいフロンティアを求めていく、知的好奇心に基づいてそれぞれの知識を深めていこうとするという、この重要な活動を彼は守ったひとりであり、その守ってくれた上に我々の研究が成り立っているわけだから。我々がその自由な発想で研究できる基盤というものを、次の世代にちゃんと受け継いでいかないといけないし、さらにもっと自由な研究ができるような環境を広げていく必要があるんだろうなと思っています」

荒勝の遺志は、次の世代に確実に受け継がれようとしている。

二　学術会議問題が問いかけるもの

「BS1スペシャル　原子の力を解放せよ～戦争に翻弄された核物理学者たち～」は二〇二〇年八月一六日夜に放送され、各方面から大きな反響をいただいた。放送から一ヶ月半後、私たちの番組が大きなテーマとした、「科学者の倫理に基づいた自由な研究」に大きな影響を与えかねないニュースが飛び込んできた。安倍晋三から首相の座を引き継いだばかりの菅義偉（すがよしひで）総理が、日本学術会議が推薦した会員候補のうち一部を任命しなかったことが明るみに出たのである。現行の任命制度になった二〇〇四年以降、日本学術会議が推薦した会員を政府が任命しなかったのは初めてのことである。

実はこの任命拒否に至る経緯には伏線がある。日本学術会議は一九四九年に発足し、戦争中に科学者が国策により軍事研究に利用されたことへの反省からあらゆる軍事研究に一貫して反対の姿勢を取り続けてきた。「戦争を目的とする科学の研究は絶対にこれを行わない」という旨の声明を一九五〇年と一九六七年の二度にわたり発表している。ところが安倍政権下の二〇一五年、防衛装備庁の「安全保障技術研究推進制度」が作られ、大学などに対し将来的に防衛分野への応用につながる先端研究を予算をつけて募った。日本学術会議はこれに対して、「軍事研究は行わない」という過去二回の声明を継承するとした声明を改めて出していたが、こうした学術会議の安全保障問題に対する消極的な姿勢には、かねて自民党内で強い不満があり学術会議自体の改革を求める声が強まっていた。そして任命拒否発覚から一ヶ月半後の一一月一七日、井上信治科学技術担当相が日本学術会議に対し、「デュアルユース（軍民両用）」技術の研究を検討するよう伝えたことも報じられた。

慶応義塾大学の小沼通二名誉教授は、防衛装備庁の「安全保障技術研究推進制度」にも反対の姿勢を貫き、積極的に発言を続けてきた。小沼はかつて日本学術会議の原子核特別委員会委員長も務めた。今回の任命拒否問題にも強い懸念を表明している。

今回の人事介入のようなことがまかり通れば、学問の自由だけではなく、思想・良心の自由や表現の自由も脅かされる。どんな命令でも、理由は聞かず黙って従えというのであれば、社会は萎縮し、多様性は失われ、全体主義国家に向かいかねないので、けっして容認できるものではない。（中略）学術会議の弱体化は学術の国際協力・交流にも支障をもたらす。政府が、学界を支援するが支配しないという世界の動向に反すると、国民にも政府にもマイナスだ。

（『科学』二〇二〇年一二月号）

中国が軍備拡大、海洋進出を強め、北朝鮮の核ミサイルの脅威が取り除かれない中で、政府の科学者に対する軍事協力への期待は高まっている。先の戦争の反省をふまえ、科学者の倫理と責任をどのように考えるのか。私は荒勝文策の生涯そのものが、そのことを考える上での大きな指針になるように思える。

荒勝が戦後記した言葉が残されている。

日本は今や戦争によってユエイ（勝敗）を決する事を国是としない国柄となってゐる。従って日本の科学者は憲法に於いて既に戦争を目的とする研究は行はない様になってゐる。（中略）吾々は人類が自ら破滅するが如き行為に出る事をいましめると共に自然界の一切の性質を究明し凡て（すべ）これを人類の平和的目的に利用せん事を望むものである。

最後に私は私の語を述べたい。

学は人と自然との相互なる内省である。

学は自然を通じて人を愛する道である。（荒勝文策の手記「こんどの戦争は科学戦であった」）

最後に政池の著書『科学者の原罪』からの一節を引用して、エピローグとしたい。

科学者は科学研究の帰結が人類の将来に対してどのような影響を与えるかを見定め、人類の将来に対して責任を負わねばなりません。これは大変難しい課題ですが、科学者が科学のもたらす危険を容認したら人類の将来はどうなるでしょうか。一人一人の科学者は科学の行方を注意深く監視することが必要になります。科学を志せば志すほど重荷は重くなるばかりです。全ての科学者がそのことを自覚し、それを避けるように生きることが人類の生き残る唯一の選択肢であると思います。それでも研究の成果が悪用される危険がないとは言えません。科学そのものの持つ原罪というべきでしょうか。

あとがき

浜野高宏

私のテレビ番組制作者としての原点は広島にある。NHK広島放送局に赴任したのは一九九〇年。その翌年、広島平和記念資料館で閲覧できる「被爆者証言ビデオ」の制作を担当した。五〇人の被爆者の方々にインタビューを行ない、二〇分ほどの長さにまとめるという仕事だった。取材、撮影、編集と数ヶ月にわたり、皆さんの話を繰り返し聞くことで、原爆投下前後の広島を追体験することになった。被爆者の方々の強烈な経験談は、まるで映像のように脳裏に焼き付いた。以来三〇年あまり、考え続けてきたことがふたつある。

「あの悲劇はなぜ起きたのか」
「どうすれば次の悲劇を避けることができるか」

プロローグでも触れた通り、本書はNHKのドキュメンタリー番組「BS1スペシャル　原子の力を解放せよ〜戦争に翻弄された核物理学者たち〜」（二〇二〇年八月一六日放送）の取材をもとに再構成したものだ。リサーチを進め、内容を詰めていく作業は簡単ではなかった。「戦争によって核兵器の開発に巻き込まれていった核物理学者たち」のことを考えていくとき、常に頭の片隅にあったのは、脳裏に焼き付いた広島の映像だった。清水榮氏の日記にあるように「至るところ破壊」された街の姿である。

荒勝文策教授をはじめ、研究室のメンバーは、実際に原爆投下直後の広島に足を踏み入れ、廃墟の中で現地調査を行なった。彼らは何を感じ、どんな葛藤があったのか。番組の制作と本書を執筆する間、その一瞬を想像しながら作業を進めてきた。私にとっては、それが少しでも当時の方々の気持ちに近づく方法であった。その感覚を忘れないようにしながら、科学者たちの複雑な胸の内を史実や資料に基づいて綴り、真実に迫ることをめざした。

二〇一六年五月二七日、アメリカのオバマ大統領（当時）が現職の大統領として初めて広島を訪れた。二〇〇九年にプラハで、核兵器のない世界をめざそうと訴えノーベル平和賞を受賞した大統領の訪問。もしかしたら、時代は変わっていくかもしれないと素直に思った。しかし、二〇一七年のトランプ大統領の登場で、期待はあっさりと踏みにじられた。それでもオバマ大統領の、歴史を直視することで「核兵器なき世界を追求しなければならない」という言葉は心に残っている。
次の悲劇を避けるために私たちができることは、小さなことかもしれない。それでも、本書が何かを考えるきっかけとなれば幸いである。

番組を制作し本書を執筆するプロセスで、暗闇の灯台のように進むべき道を照らしていただいた政池明先生をはじめ、数多くの方々の協力や支え、叱咤(しった)激励があった。特に、科学者のご遺族の方々には心より感謝している。この場をお借りしてお礼申し上げたい。
また、広島の被爆二世の吉川晃司さんに、現地調査に向かった科学者たちのことなど説明をしたとき、深く共感してもらい、番組ナビゲーターとして真摯に番組に向き合ってくれたことは、企画を推し進める上で大きな心の支えになった。並行して制作した「映画 太陽の子」のテーマ曲を、長崎の被爆二世である福山雅治さんが歌ってくれたことは本当に嬉(うれ)しかった。この本を執筆する勇気をいただいた。

最後に、この本を世に出そうと思ってくれた編集の伊藤直樹氏、校閲の大亦淑子さん、集英社の皆さま、そして最初から最後まで一緒に走り続けてくれたスタッフ全員に感謝を伝えたい。

ありがとうございました。

二〇二一年八月

解説

政池　明（京都大学名誉教授）

本書は第二次世界大戦前後に原子核物理学者として活躍した荒勝文策の足跡をたどり、激動の時代に生きた科学者の人物像を多角的に追うユニークな著書である。

世界中の原子核物理学者が核兵器の開発を進める中で荒勝がそれにどのように向き合ったかという難しいテーマに挑み、さらにこれらの出来事を通して学問の在り方について考え、科学者の罪の問題を論じていることに注目したい。

著者たちがこれまで埋もれていた資料を掘り起こし、それらを分析して、問題点を浮き彫りにした上で、日、米、独の多数の関係者へのインタビューを交えながらストーリーを進めていく手法に読者は引きこまれる。

本書が取り上げている、大戦前後に京都帝大の荒勝研究室で起こった出来事の中で、政池が強く印象に残ったことを簡単に振り返ってみよう。

一九一一年英国でラザフォードによって原子の中心に原子核が存在することが証明され、一九三二年にはチャドウィックによって中性子が発見されて原子核は陽子と中性子で成り立っていることが明らかになった。さらに同じ年にコッククロフトらが高電圧加速器で加速した陽子を原子核に当てて元素を人工的に別の元素に変換させることに成功し、原子核物理学の幕が開かれた。

一九三四年荒勝文策らはコッククロフトらの実験に刺激されて台北帝大で高電圧加速器を作製して原子核反応の実験を行なう。当時エックス線を用いた原子構造解析が物理学の中心課題であった時代に、欧米からも日本本土からも離れた台湾で加速器を用いた原子核の研究がアジアで初めて始められたことは驚きであった。この年には湯川秀樹が中間子論を着想しており、日本で新しい物理学の分野が開かれることになった。荒勝らの実験の直後、大阪帝大でも高電圧加速器による核反応実験に成功し、さらにその数年後には理化学研究所と大阪帝大でサイクロトロンが建設されて、日本で原子核の実験的研究が大いに発展することになる。

荒勝は一九三六年に京都帝大に転任すると、台湾で作られた加速器よりもさらに高い電圧のコッククロフト型加速器を建設して、ガンマ線や中性子を用いた原子核反応の研究に力を注ぐ。

一九三九年初頭ドイツでウランの核分裂の発見が発表されると、世界中で核分裂の際発生するエネルギーを兵器に利用する可能性が検討される。米国ではナチス・ドイツが核兵器を完成するのを恐れ、オッペンハイマーをリーダーとする原子核物理学者たちが中心となって原子爆弾の開発を急ぐ。そのころ日本でも理化学研究所の仁科芳雄が中心となって陸軍の要請で核兵器実現の可能性が検討される。

ところが荒勝はそのころ発表した論文や報告、メモなどを見る限り、原子核分裂現象の究明に力を注いでいたが、核分裂で発生するエネルギーを用いた兵器の開発に関心を持っていた形跡は見当たらない。第二次世界大戦が始まると、海軍の要請で全国の原子核物理学者が集まって核兵器開発の可能性を検討するための「物理懇談会」が開かれるが、荒勝はこれにも参加しなかった。

荒勝は、核分裂のメカニズムを追究すべく、種々の基礎的実験を試みた。まず加速器を用いてガンマ線による核分裂の研究を行なう。しかしガンマ線をウランやトリウムなどに照射しても中性子照射の場合のような顕著な核分裂は起こらないことが明らかになった。ところが、ガンマ線を種々の原子核に照射すると核分裂以外の多くの核反応が起こることが見出され、大戦後の原子核反応の巨大共鳴の研究の先駆けとなった。

中性子をウランに当てると核分裂が起こるが、そのとき新たに発生する中性子数が多ければ連鎖的に分裂が繰り返される。荒勝グループでは連鎖的に分裂が起こる条件を調べるために、核分裂の際に発生する中性子数の精密測定を開始し、その年（一九三九年）の一〇月には発生中性子数が平均2・6個であるという測定結果を得て、ただちに英文誌に発表した。当時欧米でも同様の測定がなされていたが、荒勝グループの測定結果がもっとも精度がよかったことが後に明らかになった。

荒勝は、このように基礎科学としての原子核物理学の研究が自分の使命であると考え、社会の動向にとらわれずに純粋な学問を重視するという信念を貫こうとしていた。

ところが戦況が日本にとって著しく不利になり、海軍が局面打開のために荒勝に核分裂を用いた兵器の検討を依頼したとき、荒勝はそれに協力することになる。以前より海軍から物理研究に対する援助を受けていたことも協力せざるを得なかった理由のひとつだったようだ。荒勝は日本ではウランが十分に入手できず、その分離がきわめて難しいことをよく知っていたので、「原子爆弾は理論的には作れるが、日本の工業力、資源などから見て、この戦争に間に合うとは思えない」と指摘したと言われている。ただ、軍事研究をするという名目で若い研究者たちが徴兵を免除され、基礎的な原子核物理学の研究を続けることができるかもしれないという思惑もあったようだ。

一九四四年九月に海軍から荒勝に核兵器研究の正式な依頼があり、荒勝らはウラン濃縮のために遠心分離器の設計を始める。このころ荒勝グループの清水榮らによって描かれた超遠心分離器の設計図が現在でも清水家に保管されている。ＮＨＫが製作したドラマ「太陽の子」にも遠心分離器を試作して運転する場面が描かれているが、実際に遠心分離器の開発がどの程度まで進んでいたかは明らかでない。ただ、そのころになっても荒勝研究室のメンバーはガンマ線による核反応の研究を続けており、サイクロトロンの建設にも忙殺されていたので、遠心分離器の作製に研究室の総力を結集していたわけではなかったようだ。

京都帝大における核兵器の開発研究計画が戦時研究（F研究）として政府に正式に認められたのは一九四五年五月末であった。それを受けて七月二一日に琵琶湖ホテルで荒勝や湯川など大学側の戦時研究員と海軍の合同会議が開かれた。この会議に提出されたと思われる荒勝研究室の数編のメモには核分裂で発生する中性子数の測定値や連鎖反応の臨界値の計算の結果などが記されている。「荒勝先生のメモ」と書かれた計算のメモには、連鎖反応の臨界条件を求める方法が示されており、当時としては先進的な発想であったと大戦後米国の科学史家が認めている。ただ、そのころ理化学研究所でも連鎖反応の臨界の計算をしていたので、この計算と理化学研究所での計算との間には何らかの関わりがあった可能性もある。また、この会議ではウラン濃縮のための遠心分離器についての説明もあったと言われているが、その資料は残されていない。

ともあれこの会議で核兵器開発についての具体的な計画が検討されたわけではなかったようである。

琵琶湖ホテルでの会議の二週間後に広島に原爆が投下され、一ヶ月も経たないうちに終戦になったのでF研究は核兵器の開発としての実質的な進展がない段階で終結することになった。

荒勝は核兵器の開発にはあまり積極的でなかったし、研究の内容が基礎的段階にとどまっていたので軍事研究としての成果はほとんどなかったといえるが、核兵器の開発を目的としたF研究の責任者としてその基礎研究を始めたことは事実であり、学問の在り方と科学者の倫理の問題として問い直してみる必要がある。これは荒勝に協力した湯川をはじめ、F研究のメンバー全員に対しても言えることであろう。

一九四五年八月六日米国のトルーマン大統領が広島に原爆を投下したという声明を発表するが、荒勝研究室の村尾誠はそれを短波放送で傍受していた。海軍からの要請で荒勝らは広島に急行する。広島に着いたのは八月一〇日だったが、駅前の多数の屍(しかばね)を見て衝撃を受ける。早速、爆心地から二キロメートル東方の比治山にある陸軍兵器廠で開かれた陸海軍、理化学研究所、京都帝大合同の「特殊爆弾研究会」と称する会議に臨んだ。このとき理化学研究所の仁科芳雄は「この爆弾は原子爆弾だと思います」と言い、後から来た荒勝は、「僕もそう思いますが、科学者としては、今科学的な調査をやっているから、それができたら判断します」ということだった。荒勝は原子爆弾による残留放射能をきちんと測定する前に科学者として原子爆弾と断定することにはためらいがあったようだ。自分自身で決定的な証拠を見出すまでは物理学者としては最終的な結論は下せないと考えたのであろう。荒勝は学生時代から「自分は徹底的な実験派だ」と述べている。実際に若いころケンブリッジに留学して、物理学者が自分の実験結果に基づいてのみ議論し合っていることに強く心を動かされていたので、生涯を通してこのケンブリッジ時代に培われた経験主義的な姿勢を堅持していたようで、国家の非常事態のときにもその精神を頑固に貫き通したわけである。

京大グループは爆心に近い西練兵場の土など市内数か所の物質を採取して、その日の夜行列車で京都に持ち帰る。一一日京都帝大の実験室に到着すると自作のガイガー・カウンターを用いて広島で採取した物質から放出されるベータ放射線の測定に取りかかる。深夜になって採取した砂から自然放射能の三倍以上の放射線が検出されたので、新爆弾はウランの分裂による原子爆弾に間違いないと考えられたが、荒勝は原爆であることを確定するためにはさらなる測定データが必要であると考え、ただちに第二次調査団を広島に派遣する。荒勝は終戦当日の八月一五日に海軍技術研究所宛に「シンバクダンハゲンシカクバクダントハンテイス」と打電する。その直後に海軍技術研究所の北川徹三に手渡した親書には、多くの地点で採取した物質からウランの核分裂で発生した中性子を吸収して発生する多量の放射能が検出されたことに触れ、放射能の強度分布から爆心地を求め、核分裂したウランの量と爆発力を推定して原子爆弾であるという結論に達したと記している。その七〇年後荒勝の遺品の中からこのベータ線のスペクトルを記録した生データが発見され、東工大名誉教授永井泰樹氏がそれを解析した結果、ウラン235の核分裂で作られるヨウ素133が放出する最高エネルギー一・二四MeV（一二四万電子ボルト）、半減期二〇・八時間のベータ線であることが明らかになった。これは原爆投下直後の放射能測定データを解析して核分裂生成物を特定した初めての結果として重要である。

大戦終結直後、日本の大戦中の原子爆弾開発の状況を調査するために米国から原爆調査団が来日し、東京帝大、理化学研究所、京都帝大、大阪帝大の原子核研究施設を捜索する。調査団はそれまで欧米ではあまり知られていなかった荒勝グループの研究を知り、詳しい取り調べを行なう。調査の結果日本では米国の脅威となるような原爆開発は行なわれていなかったことに安堵（あんど）するが、大阪帝大や京都帝大での原子核物理学の教育が米国の大部分の大学よりもずっと充実していることを知って驚く。

米国の原爆調査団の取り調べ直後、荒勝研究室では広島の残留放射能を詳しく調べて広島の復興に役立てたいと考え、木村毅一助教授（当時）を団長とする第三次調査団を広島に派遣するが、一行は超大型の台風に巻き込まれ、突然裏山が崩れて宿舎もろとも団員全員が海に押し流され、若い三人の団員が帰らぬ人となった。

この惨事に追い打ちをかけるようにこの年の秋研究室に悲劇が訪れる。

一一月のはじめワシントンの統合参謀本部からマッカーサー最高司令官宛に「理化学研究所、大阪帝大、京都帝大にあるサイクロトロンの破壊を実行せよ」という命令が下る。この命令書を誰が起草したかは明らかでないが、原爆開発計画の責任者グローブス将軍にとっては日本に原子核の研究手段であるサイクロトロンが存在することを知ったとき、それを破壊することを躊躇（ちゅうちょ）する理由は見当たらなかった。

荒勝の日誌などによれば一一月一五日占領軍諜報部の将校が来学したが、荒勝はサイクロトロン破壊のための調査とは知らず、広島原爆調査の報告書の英訳文の校正を頼んだりした。一一月二〇日早朝司令官と数人の将校、武装兵が研究室を占領する。荒勝は未だ出勤前だったが、迎えのジープに乗せられ、通訳のトーマス・スミスとともに研究室へ急ぐ。全原子核研究装置を破壊する旨を告げられた荒勝が「これらは全く純学術施設で、原爆研究には無関係である」と言って抵抗するが、聞き入れられなかった。一一月二三日銃を持った数十人の占領軍兵士が、学生を実験室から追い出し、サイクロトロンを分解してトラックに積み込んで東山通りを運んで行くのを学生たちが悔しさを堪(こら)えて見ていたとのことである。

このとき通訳をしていたトーマス・スミスの回想記がこの事件の五十数年後、友人を介して政池に送られてきたのでその中の一節を要約して紹介しよう。

「サイクロトロンを案内する荒勝の態度は自分の農場を都会に住む親戚に案内する年老いた農夫に似ていた。自分がこれまでやってきたことが合法的で倫理的であったことに疑いを抱いている様子は全くなかった。……サイクロトロンを残すことができないと分かった時、彼は実験ノートだけは残しておいてほしいと懇願し、ノートを米国人が利用できるように翻訳することを約束した。彼はこのまま没収しても米国では役に立たないと説明した。荒勝氏にノートを没収すると告げた時、彼は声を詰まらせながら没収は不当であると強く抗議した」

スミスは通訳として荒勝研究室のノートの没収に加担して荒勝の研究活動を侵害してしまったことを後悔し、退役を申し出て帰国する。帰国後日本史の勉強を始め、日本の近世・近代社会経済史の研究者になってカリフォルニア大学などで活躍する。京都での出来事が彼の生涯に大きな影響を及ぼすことになったわけである。二〇二〇年にＮＨＫの取材班が米国でスミスの子息に面会したとき、子息が父親の生涯を語る姿は、スミスが誠実で純粋な米国人の一面を示している物語として深く胸に刻まれた。

サイクロトロンの破壊が報じられると米国の科学者たちは米軍当局を強く非難する声明を発表する。純粋な物理学の研究は、原爆の開発とは異なることを強調したかったのであろう。この事件が日本の科学者に与えた衝撃はきわめて大きかったが、それが文書で米軍側に直接伝えられることはなかった。このような状況の中で京都帝大医学部の大学院生だった堀田進が直接マッカーサー占領軍最高司令官宛に出した書簡がその英訳とともに米国国立公文書館に保存されているのを発見したときの感動を忘れることができない。堀田はサイクロトロン破壊の理不尽さを訴えて「真理の尊厳と学術の神聖との名において、心から懇願致します。撤去せられた研究施設を一日も速やかに復旧して戴けないものでありませうか」と記し、「自由と公正との下にすべての国民が世界文化の向上とその一つとしての自然科学の発達に全力を払い得る時が一日も速く来らんことを私は衷心より念願するものであります」と訴えている。当時の日本人にとって絶対的な権力者と見なされていたマッカーサーに対して若い学徒として率直に「真理の尊厳と学術の神聖」を説き、勝者の暴挙の非を指摘した正義感に感動した。

サイクロトロン破壊事件の根底には、原子核物理学と原子爆弾の違いが一般にはなかなか理解し難いという問題がある。原子核物理学者は核分裂を発見し、それが膨大なエネルギーを生むという事実を見出したが、その発見は兵器製造のためではなかった。しかし物理学者がそれを恐るべき殺傷能力のある兵器として製造することに手を貸して、広島と長崎に投下したという事実は見逃すことはできない。

元来、原子核物理学の目的は、物質の根源を探るという真理の探究にある。しかし一般の人々が原子核物理学という学問について知ったのは、原爆が投下され、数十万人の犠牲者が出たときであった。それ以来原子核物理学は原爆開発学であるという認識が広まったと考えるべきであろう。

一七世紀にケプラーやガリレイは純粋な自然への憧れと、探究心によって近代科学を開いたと言えよう。一八世紀から一九世紀にかけて起こった産業革命では科学的な知識が技術に応用され、科学は人類に進歩をもたらし、幸せに導いてくれるものとして称えられるようになった。二〇世紀に入るとますますその傾向が強まるが、第一次世界大戦で使われた毒ガスによる大量殺戮が科学信仰に対する疑問を呼ぶことになる。第二次世界大戦中に開発され、広島と長崎に投下された原子爆弾は当時の最先端の科学的知識を集約したものだったが、一挙に数十万人を殺戮するという残虐極まりないものとなった。しかし、開発の段階でその罪悪性に目を向けた科学者はきわめて少なかった。平和主義者といわれていたアインシュタインでさえもドイツの原爆開発を恐れて、それに先んじて開発することを米国のルーズベルト大統領に進言している。米英の多くの科学者たちは原子爆弾の開発がナチス・ドイツに勝つための最終手段として正義であることを疑わなかった。しかしドイツが降伏した後も彼らは原子爆弾の開発、製造を続け、ニューメキシコ州のトリニティサイトでの実験でそれが数十万人を無差別に殺戮する破壊力を持つことを知ったにもかかわらず、広島、長崎に投下した責任はきわめて重いと言わざるを得ない。

それでは日本の科学者は核兵器の開発に成功しなかったため、罪を免れるのであろうか。大戦後核兵器廃絶を強く訴えた武谷(たけたに)三男は大戦中理化学研究所の二号研究という原爆開発に協力したことを振り返って「日本が原爆という残忍な兵器を作って使うという心配はないのだから、その限りでは二号研究に参加することに罪の意識は全く感じなかった」と述べている。成功する可能性がないから罪の意識を感じないという論理は成り立つのであろうか。京都帝大グループも積極的でなかったにせよ核兵器に関連する研究に関与していたことは事実であり、科学者として深刻に受け止めねばならない。

自然科学の研究はそれがただちには軍事的に利用できない基礎的な研究であっても、その研究の発展次第では人類を取り返しのつかない道に踏み込ませてしまうことがあり得る。

現代では、科学が進歩すれば人間はそれによって幸せになるだろうという「科学神話」を信じている人が多い。しかし、科学は人類を必ず幸せに導いてくれる魔法の杖(つえ)ではない。純粋な基礎科学の研究を行なっている科学者も科学が人類にもたらすであろう帰結に思いを致し、それについて責任があることを心に刻まねばならない。

本書によって読者が科学の在り方について考える機会を得ることができれば幸いである。

政池 明(まさいけ あきら)

一九三四年生まれ。京都大学理学部物理学科卒業、京都大学大学院理学研究科博士課程修了、理学博士。高エネルギー物理学研究所教授、京都大学理学部教授、福井工業大学教授、奈良産業大学教授、日本学術振興会ワシントン研究連絡センター長等を歴任。専門は、素粒子物理学。著書に『素粒子を探る粒子検出器』(岩波書店)、『宇宙の謎を素粒子で探る』(国際高等研究所)、『科学者の原罪』(キリスト教図書出版社)、『荒勝文策と原子核物理学の黎明』(京都大学学術出版会)など多数。

参考文献・資料

書籍

「清水栄日記」、『広島県史　原爆資料編』広島県、一九七二年

政池明『荒勝文策と原子核物理学の黎明』京都大学学術出版会、二〇一八年

政池明『科学者の原罪』キリスト教図書出版社、二〇一五年

益川敏英『科学者は戦争で何をしたか』集英社新書、二〇一五年

有馬哲夫『原爆　私たちは何も知らなかった』新潮新書、二〇一八年

読売新聞社編『昭和史の天皇　原爆投下』角川文庫、一九八八年

荒勝文策「外遊追憶あれこれ」、『「眞」――荒勝文策先生の追憶のために』甲南大学、一九七三年

木村毅一『アトムのひとりごと』木村毅一先生文集出版事業会、一九八二年

朝永振一郎『プロメテウスの火』みすず書房、二〇一二年

山崎正勝・日野川静枝編著『原爆はこうして開発された』青木書店、一九九〇年

山崎正勝『日本の核開発：1939〜1955　原爆から原子力へ』績文堂出版、二〇一一年

木村靖二ほか『詳細世界史改訂版』山川出版社、二〇二一年

山崎啓明『盗まれた最高機密　原爆・スパイ戦の真実』NHK出版、二〇一五年

戸高一成編『[証言録]海軍反省会5』PHP研究所、二〇一三年

山本洋一『日本製原爆の真相』創造、一九七六年

小沼通二編『湯川秀樹日記1945 京都で記した戦中戦後』京都新聞出版センター、二〇二〇年
小沼通二『湯川秀樹の戦争と平和 ノーベル賞科学者が遺した希望』岩波ブックレット、二〇二〇年
通商産業省編『商工政策史』第一三巻、商工政策史刊行会、一九七九年
柳田邦男『空白の天気図』文春文庫、二〇一一年
清水榮「柳父琢治君をめぐっての思ひ出」、柳父琢治追悼集『思い出の柳父琢治さん』私家版、一九九三年
『湯川秀樹著作集7』岩波書店、一九八九年
中村秀吉訳『バートランド・ラッセル著作集1』みすず書房、一九五九年
レスリー・R・グローブス、冨永謙吾・実松譲訳『私が原爆計画を指揮した マンハッタン計画の内幕』恒文社、一九六四年
S・A・ハウトスミット、山崎和夫・小沼通二訳『ナチと原爆 アルソス：科学情報調査団の報告』海鳴社、一九七七年
Tomoko Y. Steen, "Architects of ABC weapons for the Japanese empire: Microbiologists and theoretical physicists", *Science, Technology, and Medicine in the Modern Japanese Empire*, Routledge, 2016

雑誌

荒勝文策「原子は人工によりて変転す」、『天界』14(159)、東亜天文学会、一九三四年七月号
「幻の加速器部品」、『ふぇらむ』vol.14、No.3、日本鉄鋼協会会報、二〇〇九年
『黄檗』No.29、京都大学化学研究所、二〇〇八年七月

『加速器』Vol.5、No.2、日本加速器学会誌、二〇〇八年七月

『原子炉研究所だより』No.18、京都大学原子炉実験所、一九九二年一二月

清水榮・金子務（聞き手）「証言・原子物理学草創期」、『現代思想』Vol.24-6、一九九六年五月

小沼通二「6人を任命しなければ解決しない」、『科学』二〇二〇年一二月号

清水榮ほか「原子核爆発による放射性灰塵」、*Bulletin of the Institute for Chemical Research, Kyoto University*, Supplementary Issue, November, 1954

Thomas C. Smith, "The Kyoto Cyclotron", *Historia Scientiarum*, Vol.12, No.1, July, 2002

新聞

「がんと闘う物理学者　清水栄さん　『良心と行動』次世代に伝えたい」、「朝日新聞」一九九五年七月一一日

「原子核物理学者の清水栄氏死去」、「四国新聞」デジタル版、二〇〇三年一二月二三日　http://www.shikoku-np.co.jp/national/science_environmental/20031223000296

湯川秀樹「科学者の使命」、「京都新聞」一九四三年一月六日

荒勝文策「原子爆弾報告書　広島市における原子核学的調査」、「朝日新聞」一九四五年九月一四〜一七日

「ビキニ爆発　恐怖のU爆弾だった」、「京都新聞」一九五五年三月一四日

「遂に〝怪元素〟発見　死の灰と闘った研究員」、「京都新聞」一九五五年三月一八日

清水榮「京大百年と私2」、「京都新聞」一九九七年一〇月二〇日

"Five Cyclotrons Wrecked in Japan", *New York Times*, November 24, 1945

"Scientists Protest Cyclotron Wrecking", *New York Times*, November 26, 1945
Snell, David, "Actual Test Was Success", *The Atlanta Constitution*, October 3rd, 1946.

資料

清水榮の日記、清水家蔵
「サイクロトロン建設計劃」「サイクロトロン室 諸設備配置図」ほか、新発見の資料（一九四〇～一九四三）、アメリカ議会図書館所蔵
「日本海軍における原子エネルギー利用の研究に関する件」一九四五年一〇月一〇日、前掲『昭和史の天皇 原爆投下』所収
清水榮「超遠心分離器設計ノート」京都大学名誉教授五十棲泰人所蔵
「科学研究ノ緊急整備方策要領」閣議決定、一九四三年八月二〇日
「July, 1945 荒勝先生のメモ」、山崎正勝「旧日本軍『F研究』資料」、『技術文化論叢』（東京工業大学）第五号、二〇〇二年所収
植村吉明「研究日誌」、清水榮「覚書2」アメリカ議会図書館
荒勝文策「サイクロトロン破壊時の日誌」荒勝家蔵、一九四五年
堀田進の手紙「マッカーサー元帥閣下」アメリカ国立公文書館、一九四五年
荒勝文策の手記「こんどの戦争は科学戦であった」荒勝家蔵
R. R. Furman, Major, "ATOMIC BOMB MISSION JAPAN/FINAL REPORT : SCIENTIFIC &

MINERALOGICAL INVESTIGATION" National Archives
"MEMO FOR RECORD", 24 November, 1945, CYCLOTORON file, National Archives
"Voices of the Manhattan Project" Robert Furman's Interview, Atomic Heritage Foundation, February 20, 2008

映像・音声

「BS1スペシャル　原子の力を解放せよ～戦争に翻弄された核物理学者たち～」前編・後編、ＮＨＫＢＳ１、二〇二〇年八月一六日放送
「特集ドラマ　太陽の子」ＮＨＫ総合テレビ、二〇二〇年八月一五日放送
「ＮＨＫスペシャル　盗まれた最高機密～原爆・スパイ戦の真実～」ＮＨＫ総合テレビ、二〇一五年一一月一日放送
「東京工業大学名誉教授山崎正勝インタビュー」、ＮＨＫＢＳ１テレビ「原子の力を解放せよ」、二〇二〇年八月一六日放送
「ハイガーロッホ博物館　フェヒター館長インタビュー」ドイツSpiegel TV取材、同前二〇二〇年八月一六日放送
「短篇　１９５４年十大ニュース」ＮＨＫ総合テレビ、一九五四年一二月二一日放送
「クローズアップ現代　終わりなき核被害～50年目のビキニ事件～」ＮＨＫ総合テレビ、二〇〇四年八月四日放送

「ＮＨＫスペシャル　又七の海～死の灰をあびた男の38年～」ＮＨＫ総合テレビ、一九九二年四月一九日放送
「その時　歴史が動いた　３０００万の署名　大国を揺るがす～第五福竜丸が伝えた核の恐怖～」ＮＨＫ総合テレビ、二〇〇九年二月一八日放送
ドキュメンタリー映画「アトムとピース～瑠衣子　長崎の祈り～」監督：新田義貴、製作：ソネットエンタテインメント／アマテラス、二〇一六年上映
「映画　太陽の子」監督：黒崎博、製作：映画「太陽の子」フィルムパートナーズ、二〇二一年上映

ウェブサイト

広島県庁　https://www.pref.hiroshima.lg.jp/
関西電力「蹴上発電所構内マップ」　https://www.kepco.co.jp/energy_supply/energy/newenergy/water/plant/tour_keage/pdf/keage_map_kounai.pdf
琵琶湖疏水沿線魅力創造協議会「日本遺産琵琶湖疏水」　https://biwakososui.city.kyoto.lg.jp/
日本パグウォッシュ会議「ラッセル・アインシュタイン宣言」　https://www.pugwashjapan.jp/russell-einstein-manifesto-jpn

BS1スペシャル
「原子の力を解放せよ～戦争に翻弄された核物理学者たち～」
（2020年8月16日放送）

国際共同制作／NHK・SPIEGEL TV・ELEVEN ARTS
語り／吉川晃司・中條誠子
声の出演／野島昭生・松本保典・目黒光祐・うすいたかやす
取材協力／政池明（京都大学名誉教授）
情報提供／Tomoko Steen・武田知己
撮影協力／台湾大学・柳が崎湖畔公園びわ湖大津館
資料提供／Atomic Heritage Foundation
Library of Congress
The U.S.National Archives and Records Administration
五十棲泰人（京都大学名誉教授）
京都大学基礎物理学研究所湯川記念館史料室
京都フォーラム
国立国会図書館
水交会
大和ミュージアム
読売新聞社（「昭和史の天皇」取材資料）

【スタジオ・パート】
ディレクター／安本浩二
技術／河野良太
撮影／上泉美雄
照明／富岡幸春
音声／上野陽一
美術／秋元早苗
VFX／杉山慎一郎
ヘアメイク／MAKOTO
スタイリスト／黒田領

【ドキュメンタリー】
撮影／澤中淳・吉田洋平
照明／庄司光一
音声／城賢一郎
映像技術／横田勇一
編集／根津岳宏
音響効果／塚田大
コーディネーター／柳原緑・西本有里
リサーチャー／北村智美・加藤咲子
プロデューサー／髙木栄治・Kay Siering・Ko Mori
ディレクター／新田義貴・海南友子
制作統括／浜野高宏

集英社新書ノンフィクション
『原子の力を解放せよ　戦争に翻弄された核物理学者たち』

監修・解説／政池明（京都大学名誉教授）
著者／浜野高宏、新田義貴、海南友子

浜野高宏（はまの たかひろ）

一九六六年、東京都生まれ。NHKエンタープライズ、プロデューサー。一九九〇年NHK入局。広島放送局・報道局・編成局を経て現職。

新田義貴（にった よしたか）

一九六九年、東京都生まれ。ドキュメンタリー監督。NHKを経て独立しユーラシアビジョン設立。劇場映画「アトムとピース」「歌えマチグヮー」など。

海南友子（かな ともこ）

東京都生まれ。ドキュメンタリー監督。NHKを経て独立。サンダンスNHK国際映像作家賞受賞。代表作に3・11と出産を描いた「HUG（抱く）」。他作品多数。

原子の力を解放せよ

戦争に翻弄された核物理学者たち

集英社新書一〇七八N

二〇二一年八月二二日 第一刷発行

著者……浜野高宏／新田義貴／海南友子

発行者……樋口尚也

発行所……株式会社集英社

東京都千代田区一ツ橋二－五－一〇 郵便番号一〇一－八〇五〇

電話 〇三－三二三〇－六三九一（編集部）
〇三－三二三〇－六〇八〇（読者係）
〇三－三二三〇－六三九三（販売部）書店専用

装幀……新井千佳子（MOTHER）

印刷所……大日本印刷株式会社 凸版印刷株式会社

製本所……加藤製本株式会社

定価はカバーに表示してあります。

 ISBN 978-4-08-721178-8 C0220

Printed in Japan

集英社新書　好評既刊

ノンフィクション――N

妻と最期の十日間　桃井和馬
鯨人　石川梵
ゴーストタウン チェルノブイリを走る　エレナ・ウラジーミロヴナ・フィラトワ 池田紫・訳
笑う、避難所 石巻・明友館136人の記録　頓所直人 写真・名越啓介
チャングム、イ・サンの監督が語る 韓流時代劇の魅力　イ・ビョンフン
女ノマド、一人砂漠に生きる　常見藤代
幻の楽器 ヴィオラ・アルタ物語　平野真敏
風景は記憶の順にできていく　椎名誠
実録 ドイツで決闘した日本人　菅野瑞治也
ゴッホのひまわり 全点謎解きの旅　朽木ゆり子
「辺境」の誇り――アメリカ先住民と日本人　鎌田遵
奇食珍食 糞便録　椎名誠
ひらめき教室「弱者」のための仕事論　松井優征 佐藤オオキ
橋を架ける者たち――在日サッカー選手の群像　木村元彦
ナチスと隕石仏像 SSチベット探検隊とアーリア神話　浜本隆志
堕ちた英雄「独裁者」ムガベの37年　石原孝
癒されぬアメリカ 先住民社会を生きる　鎌田遵
羽生結弦を生んだ男 都築章一郎の道程　宇都宮直子
花ちゃんのサラダ 昭和の思い出日記　南條竹則
ある北朝鮮テロリストの生と死 証言・ラングーン事件　羅鍾一 永野慎一郎・訳

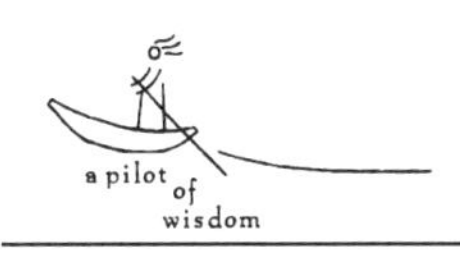

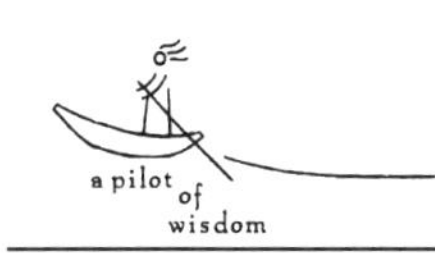
a pilot of wisdom

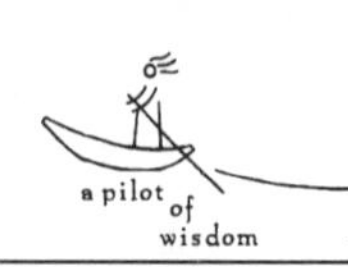

集英社新書　好評既刊

世界の凋落を見つめて クロニクル2011－2020
四方田犬彦 1068-B
東日本大震災・原発事故の二〇一一年からコロナ禍の二〇二〇年までを記録した「激動の時代」のコラム集。

ある北朝鮮テロリストの生と死 証言・ラングーン事件
羅鍾一／永野慎一郎・訳 1069-N〈ノンフィクション〉
全斗煥韓国大統領を狙った「ラングーン事件」実行犯の証言から、事件の全貌と南北関係の矛盾に迫る。

「自由」の危機 ――息苦しさの正体
藤原辰史／内田 樹 他 1070-B
二六名の論者たちが「自由」について考察し、理不尽な権力の介入に対して異議申し立てを行う。

リニア新幹線と南海トラフ巨大地震 「超広域大震災」にどう備えるか
石橋克彦 1071-G
〝活断層の密集地帯〟を走るリニア中央新幹線がもたらす危険性を地震学の知見から警告する。

演劇入門 生きることは演じること
鴻上尚史 1072-F
日本人が「空気」を読むばかりで、つい負けてしまう「同調圧力」。それを跳ね返す「技術」としての演劇論。

落合博満論
ねじめ正一 1073-H
天才打者にして名監督、魅力の淵源はどこにあるのか？ 理由を知るため、作家が落合の諸相を訪ね歩く。

新世界秩序と日本の未来 米中の狭間でどう生きるか
内田 樹／姜尚中 1074-A
コロナ禍を経て、世界情勢はどのように変わるのか。ふたりの知の巨人が二〇二〇年代を見通した一冊。

ドストエフスキー 黒い言葉
亀山郁夫 1075-F
激動の時代を生きた作家の言葉から、今を生き抜くためのヒントを探す、衝撃的な現代への提言。

「非モテ」からはじめる男性学
西井 開 1076-B
モテないから苦しいのか？「非モテ」男性が抱く苦悩を掘り下げ、そこから抜け出す道を探る。

完全解説ウルトラマン不滅の10大決戦
古谷 敏／やくみつる／佐々木徹 1077-F
『ウルトラマン』の「10大決戦」を徹底鼎談。初めて語られる撮影秘話や舞台裏が次々と明らかに！